对**《你的建筑生涯》**的高度评价

“加里·昂格尔称得上是其他希望在建筑和室内设计领域获得成功的人的榜样。虽然这个领域重要，文献却非常有限。加里的新书《你的建筑生涯》是一个非常有用的补充。它应该加入每个年轻建筑师和室内设计师的阅读书单。”

——布拉德福德·珀金斯，美国建筑师协会会员，
珀金斯·伊士曼建筑师事务所（Perkins Eastman Architects）的董事长兼首席执行官，
《建筑师要点——设计公司的创立、评估和转型》一书的合著者

“加里·昂格尔的著作《你的建筑生涯》展现了对建筑行业的过去、现在和未来的深刻见解……他巧妙地探讨了这个行业中艺术、技术和商业间存在的冲突。这本书对刚进入建筑行业的年轻人来说，提供了一个很好的现实视角，帮助他们快速开启职业生涯。它也能够为经验丰富的从业者填补漏洞。对设计和建筑行业有兴趣的所有人都会发现这是一本有趣的读物。”

——查克·汤姆森，美国建筑师协会会员，3DI公司前董事长，
“施工调度快速通道”概念的创造者，《程序管理2.0》和《管理智力》作者

“通过与读者分享他多元化的专业经验、个人知识和管理专长，加里·昂格尔以层次丰富的形式讲述了建筑职业生涯各个方面，也为有抱负的建筑师和建筑公司提供了一个极为实用、详细的指南。”

——罗杰·K.路易斯，美国建筑师协会会员，
马里兰大学名誉教授，《建筑师？一份职业指南》作者

“《你的建筑生涯》为那些刚进入建筑领域的新人和有经验的建筑师提供了重要的信息和实用的提示。书中的主题包括如何在建筑领域开始职业生涯，如何在职场上表现突出，以及创建自己的公司的过程，内容详尽。”

——李·W.沃尔德里普博士，《成为一名建筑师：设计职业指南》作者

“多少次，我坐在加里·昂格尔对面，看他目标明确地带领团队完成一个创新的设计。在《你的建筑生涯》中，加里带领你完成最重要的设计，实现最重要的目标——开启一名建筑师的职业生涯。”

——乔尔·罗林斯，视听技术专家和未来学家，《瑞夫电台本周节目》主持人

“加里·昂格尔是建筑公司CPG建筑师事务所的创始人。他将从自身成功的职业生涯中提炼出的独到见解展示在《你的建筑生涯》一书中。这本书中的实用指南对于任何希望跟随加里的步伐，拥有成功和充实的职业生活的人来说都是无价之宝。”

——道格·温肖尔，清岩房地产公司（ClearRock Properties）创始人

你的建筑生涯

YOUR ARCHITECTURE CAREER

（美）加里·昂格尔 著
张晨 彭青青 译

辽宁科学技术出版社
·沈阳·

图书在版编目（CIP）数据

你的建筑生涯 / (美) 加里 · 昂格尔著 ; 张晨 , 彭青青译 . —
沈阳：辽宁科学技术出版社，2024.1
ISBN 978-7-5591-2975-8

Ⅰ . ①你… Ⅱ . ①加… ②张… ③彭… Ⅲ . ①建筑科学－基本
知识 Ⅳ . ① TU

中国国家版本馆 CIP 数据核字 (2023) 第 063008 号

出版发行：辽宁科学技术出版社
（地址：沈阳市和平区十一纬路 25 号　邮编：110003）
印 刷 者：辽宁新华印务有限公司
经 销 者：各地新华书店
幅面尺寸：152.4mm × 228.6mm
印　　张：16
字　　数：320 千字
出版时间：2024 年 1 月第 1 版
印刷时间：2024 年 1 月第 1 次印刷
责任编辑：鄢　格
封面设计：关木子　黄金国
版式设计：关木子
责任校对：韩欣桐

书　号：ISBN 978-7-5591-2975-8
定　价：88.00 元

联系电话：024-23280070
邮购热线：024-23284502
http：//www.lnkj.com.cn

献　词

我将这本书献给我的母亲，她在我写这本书期间去世了，享年101岁。

感谢我的父亲鼓励我从事建筑行业，还在我到华盛顿大学上学，经历糟糕的新生生活时说服我坚持到底。

感谢母亲在我刚开始创业时对我的事业展示出极大的兴趣，她会询问每一个新客户的情况，也乐于了解我们的设计理念和新的工作方式。

我非常感谢家人做出的巨大牺牲，为我提供了资金，让我可以在无债务的情况下完成6年的建筑系课程。我父亲是保诚保险公司（Prudential Insurance Company）一位小有成就的规划师和财务主管，为了让我守规矩，他也用上了自己所有的技能。

我的妻子贝特西，感谢你鼓励我创业，并在前10年的时间里帮助我制定公司政策和员工计划。这些政策和计划在我们35年的相处中经受住了时间的考验。

此外，我还想感谢那些在公司中成功发挥了重要作用的优秀员工：

丹尼斯·塔迪
卡瑞娜·萨里
迪安·弗斯特
罗杰·莫里斯
卡尔·迈巴赫

致读者

本书旨在启发的对象是:

- 大专院校学习建筑或室内设计的三、四、五年级学生
- 希望在建筑或室内设计公司找到第一份工作的大四、大五学生或应届毕业生
- 已经在建筑或室内设计公司工作,以及在不动产管理或设施管理公司工作的人
- 考虑成立自己的建筑或室内设计公司的任何人
- 能从我的分享中找到灵感,达成谅解的客户
- 房地产经纪人、业主代表、项目经理和所有其他项目顾问

我希望这本书能让专业人士的建筑之旅更成功、更丰富,更重要的是,获利更多。只要有一个学生、一名建筑师,或者一位业主能够受到此书的激励,获得更满意的职业生涯,那么我就认为是这本书的成功。

目 录

前　言

我多希望自己在学生时代就有这样一本书。它会让我在建筑学院的最后两年里更加高效，让我当初寻找“最好的工作”时容易得多。书中提出的概念展现了清晰的思维方式和实践经验，适合所有人在职业生涯中遵循，以最大限度地发挥他们获得成功的潜力。

大多数的“自我提升类”图书都是读完后就放在书架上，再也不会被打开。本书则应该放在手边，随时参考。它的优点在于，书中的组织架构方便读者在自身的职业发展过程中进行对照。

对于那些刚刚起步的学生/实习生/建筑师来说，这是一本很好的参考书，让他们意识到自己职业机会的重要性。内容的安排也方便读后回顾细节，分享想法，或测试自己的进步。

我认为这本书类似于眼下的众筹项目，是为那些将新产品或服务带入市场的人而设计的。创业之初，每个人都需要来点动力。众筹项目可以为创业者提供他们所需的资金支持。而本书用可靠的工作方式为专业人士提供了职业发展所需的动力，帮助他们在建筑领域取得成功。

我将建筑和室内设计的工作过程描述成一场接力赛，我也强调了“交接”对个人和公司双方的重要性。成为一个好的建筑师就是成为一个好的团队合作者。

我会向院校老师、学生、实习生、建筑师和事务所有者推荐这本书，帮助专业人士享受这个美妙职业并助其获得成功。

加里·昂格尔

2018年

简 介

对于进入公司的每一位新员工，我们都会对公司的流程、程序、好恶进行详细说明，尤其强调我们与客户打交道的独特方式。

我们的业务分为3个主要部分，所以对新员工的培训也是如此。

1.商业行为/专业实践。
2.营销和客户关系。
3.设计目标。

本书主要针对前两个部分——商业行为/专业实践，营销和客户关系。在我看来，这3个部分享有同等权重，如果其中一两个部分薄弱，整个公司就会运营不畅。大多数建筑学校的课程都以设计为重点，只将最后一年的最后一个学期中很少的时间用于专业实践。对于那些寻找能够快速成长进入管理岗位的人才的公司来说，这是一个巨大的问题。

我之所以决定写这本书，是因为我找不到一本关于专业实践的书，能从学生、员工和企业的角度来解决问题，让我在自己的企业中使用。当我搜索在大学专业实践课程中使用的图书时，我发现学校用的都是稍微过时的或完全过时的书，有些学校甚至连教科书都没有。他们依靠的是教授个人的经验碎片。

本书旨在提供一个全面的指南，书中充满了对应届毕业生、实习生和建筑企业的建议，这为他们提供了更好的机会，以在这个非常艰难的职业中脱颖而出，迅速崛起。

我罗列了一些有助于成功的建议。**详见“建议”方框。**是的，经验的确是最好的老师，我分享的这些从工作中学到的东西，以及我的公司已经完成的成千上万个项目能帮你快速开启职业之路。本书的写作角度是很少有人选取的，从客户的角度考虑整个流程。它将帮助你了解客户的想法和需求，帮助你获得竞争优势。

在创办CPG建筑师事务所之前的7年时间里，我一直是甲方，我的身份是美国运通全球规划设计总监。只有当你身处内部时，才能理解建筑公司和负责设施的企业人员在需求、态度和责任上的区别。建筑公司只有一个客户，而公司内部的项目经理通常有多个客户。

这本书也有助于建筑师了解，面对选择时应该首先试着从客户的角度来考虑。我写到了充当客户的战略合作伙伴，而不仅仅是做一个好供应商的重要性。重要的是，即使是那些着重关注设计的人也能花时间去理解和欣赏获得工作、管理客户、处理时间和财务管理相关的其他问题。

我希望这本书对房地产经纪人、业主代表、项目经理、设备经理，甚至客户本身等其他项目的主要参与者也有价值。每个团体都应认同建筑实践是一种团队合作，其中需要对一系列的交接进行管理，就像在接力赛中接力棒从一个跑者交到另一个跑者的手里一样，最终各方会欣赏和尊重彼此的业务特点。

很高兴能和大家分享我的经验和知识。我期待收到你的反馈，并感谢有此机会分享我从自己的工作经验和其他建筑师及相关服务提供商的采访中所学到的一切，以及我从无数优秀的图书中获得的见解。

揭露关于**建筑行业和建筑师**的3个迷思

有先入之见通常会让人很难以开放的心态接受新想法。消除误会能让你更有机会测试新的个人成长理念。我准备了对常见迷思的回应。尽管其他人可能有不同的看法，我还是希望思考建筑中积极的可能性能让你的追梦之路走得更容易一些。

迷思1:“做建筑师不赚钱”

假的！无论是打工还是创业，作为一名建筑师，你都可以获得很好的收入。你可能不会像极少数事业成功的人赚得那么多，或者成为我们听说的那些巨额售出的创业公司的老板，很多人甚至没有收益来源。

但你可以生活得很好，获得很多乐趣，让你的孩子不需要负债就可以念完大学，然后拥有健康的退休生活。尽管有些人的公司上市或出售，事业取得极大成功，但是我们也知道，有更多的人遭遇失败。这些企业家都是在不断尝试的人。

我可以根据经验告诉你：想在建筑领域获得非常舒适的生活，只需要一点规划，设定个人目标，和一些好运气。那些获得成功的人借了好运气的光。

规划过程。这本书将帮助你了解如何充分利用你的选择，发现机会，并在运气出现的时候加以利用。

迷思2:“想做建筑师,你需要成为一名艺术家”

假的!我肯定不是一名艺术家,而且我可以直接告诉你,大多数建筑师并不是艺术家。不要误解我的话。画一手好画可以在竞争中助你一臂之力。但这并不是必要条件。

大学一年级手绘课的教授对我们这些眼睛明亮的新生就是这样直言不讳的。他成功地震撼到了我们,他径直走了出来,对着整个班级说:“如果你不是艺术家,就别想当建筑师。”

他这番话让我极为震惊,甚至准备退学。多亏我父亲特意从休斯敦开车到圣路易斯,说服我不要退学,我才得以坚持下来,收获了美好的事业。和许多人一样,在手绘方面我从来都算不上有天赋,但我坚持了下来,最终取得了一定的成绩。

迷思3:“建筑师需要不停工作才能成功”

假的!的确,大多数建筑师的工作时间都很长,但这并不是必需的。由于我现在已经从业多年,和客户打过很多交道了,我认为有很多方法可以改善建筑师长时间工作的情况:

> 1.大多数建筑师一开始觉得他们需要亲自做的事情太多了。对于工作的3个主要部分——营销、设计和财务,建筑师需要依靠临时工、咨询顾问或者信任的员工来分担工作。把所有工作留给自己注定会失败。

2.大多数项目启动得太晚，使得工程进度无法为每组任务留出合适的时间，最终导致项目超时。

3. 在以不加协调的方式开始任务的项目中，结果往往是之前计划好的步骤需要重做。我们称之为“返工”。它会让赢利能力受损，诱发压力，引起错误。建筑师应该规划项目进度，以保持项目的按序推进。

4.对于许多设计师来说，设计的过程永远不会结束。想要探索所有的选项，找到完美的解决方案的确令人向往，但如果设计阶段管理不当，会给接下来的所有阶段造成时间的浪费。

本书的主要目标之一是帮助你掌握建筑师职业中的商业部分，以便平衡工作、家庭和个人生活。

第一部分 完成学业，找份工作

PART I

Finishing School and Getting a Job

第一章

从建筑学院毕业

在校的最后两年里应该关注什么?

建筑或室内设计专业的最后两年里，大多数课程都变得非常具体，没有给选修课留下太多的空间。我鼓励所有建筑系学生在校期间关注3件事:

额外的选修课

尽管必修的设计/论文实验室课程已经很多，我还是推荐学生们在时间允许范围内尽可能多地参加专业实践或商业管理课程。这将是你最后一次，也可能是唯一一次对建筑体系结构的基础知识进行系统学习。不是所有人都能成为就职公司的主要设计师，所以有必要让自己掌握基本业务以外的东西。举例来说，可以尽量学习财务、营销概念、提案写作、演讲技巧、时间管理和项目管理的相关内容。

创意写作课程

建筑师的写作任务比他们想象的要多。建筑师必须在日程安排中纳入尽可能多的创意写作课程。如果有电子邮件写作相关的课程，我也鼓励你参加学习，因为在当今的商业运行中，使用电子邮件交流的情况可以用可悲来形容。如果你给朋友写电子邮件，邀请他们一起吃午饭，即使措辞不当，也无可厚非；但是给客户发电子邮件，讨论进度延误、预算超支或其他细节则要另当别论。编写电子邮件应该像写信一样有主题，有开头、中间和结尾。最重要的是，电子邮件具有法律效力，不要忘了这一点。

创建一个求职联系人的数据库

从学生时期开始积累一个数据库，包含你的教授、同学、学校管理人员、客座教授、潜在的求职公司、供应商和演讲者。在第一部分中，你将学习到的一项最重要的技能就是如何有效地进行求职。而这个数据库对在校期间的你和未来步入职业生涯的你都会很有价值。

我的建议是将你的求职推荐信和信息与你的个人电话通信录分开保存。

Excel或谷歌文档上有许多可用的模板，方便记录这些信息。还有一些免费或便宜的数据库应用程序帮你保持条理清晰。

需要记录的重要信息

- 联系人姓名
    - 头衔
    - 移动电话号码
    - 业务范围
    - 电子邮件
    - 办公电话
    - 联系人类型
- 公司名称
    - 其他联系人
    - 主电话号码
    - 地址
    - 网站
- 简历提交日期
- 简历提交方式
- 提交内容
    - 信
    - 推荐信
    - 简历
- 跟进日期
- 结果
- 工作说明
    - 个人注释
    - 面试注释

给教授留下深刻印象，让他/她做你的推荐人

华盛顿大学建筑学院的许多教授都是美国本土非常成功的建筑师。在20世纪60年代，学校聘请客座教授是一种潮流。许多建筑师接受邀请，既出于职业考虑，也有个人原因，履行的也不只是合同规定的教学任务。接受教职使他们可以花一年时间游历全国。许多建筑师有需要完成的特殊设计项目，或者在为出书做研究，所以说能够接触到大量无须支付酬劳的学生，对他们来说也是非常有益的。对我来说，这兼有利弊。好处是作为学生，可以帮助建筑师们完成这些任务，也可以了解到真实的项目。坏处是建筑师通常都特别忙，没有额外的时间进行当面讨论，也无法在指定的时间段以外对学生进行指导。如果你有这样的机会，不妨自愿参加项目，得到建立关系的机会，幸运的话，还能得到他们的推荐。

一旦教授们知道你的能力，他们就会成为很好的推荐人。为了实现这一目标，你可以主动成为这些项目的志愿者，与建筑师聊一聊他们的公司。花点时间在网上查找信息，可以更好地理解建筑师的项目。学着在不咄咄逼人的情况下，寻求大师的建议和支持。

与同学、校友和教授建立联络

在进行求职调查时与同学合作，分享不同城市各个建筑公司的信息。寻找第一份工作时，有很多信息要收集，适合采取“分而治之”的方法，收集多个城市求职公司的联系信息这类单调的任务更是如此。

到了大学倒数第二年的年中，你需要联系暑期工作。你的教授应该能在这方面给你很大的帮助。如果你的学校有就业办公室或指导办公室，有时他们会接到当地公司或协会比如美国建筑师协会（AIA）和美国工业设计师协会的电话，因此可以了解到暑期实习的机会。我一直认为校友是最好的资源，因为与他们有一种天然的亲切感，也有可能得到他们的帮助。至少一封不错的推荐信能让你在有一位或多位校友的公司获得一次面试机会。

第二章

选定一条**职业道路**

最后一年之前的暑期实习

你在建筑学院度过的倒数第二个夏天对你未来的建筑师职业生涯至关重要。一份暑期实习的经历将大大提高你毕业以后找到工作的概率。查看简历的雇主们希望全职员工有相关的工作经验。我建议你在2月或3月的时候开始寻找暑期工作机会。利用你的社会关系帮你找出潜在的暑期工作机会。你得学会如何利用你与以下人群的关系：

- 教授、学校辅导员和校友协调员
- 家人、朋友和同学
- 建筑系校友
- 建筑师协会的当地联系人

我不太喜欢关注或回复招聘网站、招聘广告或网上招聘的信息。根据我的经验，暑期工作很少以这样的方式展示。我们需要寻找的是没有张贴出来的工作。夏季是正式员工休假最集中的时间段，这对你是有利的。在很多情况下，你可能就是代替休假的员工工作。你的求职信和电子邮件应该让对方觉得，让你代替休假的员工是一个好主意。列出你能为公司做什么很重要。不要只说你在找一份暑期工作。建筑公司总是有一大堆项目需要补充细节，但是他们往往并不希望让全职员工放下他们手中的计费工作。记得在你的信和电子邮件中说明你可以通过以下方式提供帮助：

- 更新绘图模板和标准零件细目表
- 协助公司维护社交媒体，如博客、网站、LinkedIn、Facebook、Snapchat等。对许多公司来说，这些都没能持续更新
- 更新标准格式
- 更新文库：目录、材料和饰面
- 更新简报图表
- 协助进行建筑/空间测量
- 绘制底图/进行面积计算
- 使用SketchUp或Revit软件进行渲染

通常我们会将暑期工作安排在上学或居住的城市，这就缩小了搜索范围，可以让搜索过程容易一些。除非是你觉得对本次求职有利的工作经验，否则在你写给未来公司的信件或电子邮件中不需要正式列出其他工作经验。把信写得足够好就可以了。这封信应当包含一些基本要素：

1.收信人要写具体的某人，而不是“敬启者”或“相关人员”。
2.在信中说明你是怎么听说对方公司的，称赞对方的网站。
3.描述你所寻找的暑期工作，说明可以工作的时间，尤其是开始上班的日期。

在校的最后一年里，何时以及如何开始寻找全职工作

我的建议是在建筑学院最后一学年的1月或2月开始寻找第一份全职工作。这个时间要重视找工作的事情。大家都想占得先机，而寻找机会并谈好薪水和工作时间需要一段时间。如果你想在市区找工作，情况更是如此，因为参加面试时需要出行较远的距离。当你联系公司时，将有时间参加面试的日期信息包括进去也很重要。

除非你非常幸运，已经有一份工作在等着你，否则你会发现找工作的过程与精通业务一样重要。这里再次强调，没有公司会为基础岗位登出广告，所以你看得到 招聘信息的工作岗位通常是有经验要求的。在最后的两年里，要充分利用你与以下人群的关系：

- 教授
- 学校辅导员和校友协调员
- 家人和朋友
- 同学
- 到校园演讲的供应商
- 建筑系校友
- 建筑师协会的当地联系人
- 建筑商和开发商

人际关系总是以最不可预见的方式建立。以随意的方式提到你正在找工作的事，通常可以从意想不到的人那里获得帮助。你的一些关键决定会影响你寻找工作的类型，例如：

- 你想住在哪里？
- 你想为哪种类型的公司工作？
- 你想参与什么样的建筑项目？

求职清单：评判一个公司的标准是什么？

浏览下面的清单并标出你的答案。一旦完成了清单，回顾你做出的答案，这样做有助于你弄清楚毕业后第一份工作你想选择的群体和公司的类型。不妨也和朋友、教授以及你见过的供应商分享这些列表和你的答案。如果他们知道你感兴趣的工作类型和地点，实际能够提供帮助的人数会比你想象的多。教授们有一个庞大的联系人数据库，如果请求他们帮助，一般也会得到积极回应。学会利用你所有的朋友，如果他们需要帮助，也一定要伸出援手。你遇到的很多人都会愿意做你的推荐人。我在前面提过：充分利用校园就业中心和校友协调员——他们非常重要。

你想住在哪里？

现在大多数学生会在学校所在的城市，他们生活或成长的城市寻找暑期工作或全职工作。这些都是比较熟悉的选择，然而目光更远的人可能会按下面的想法行事：

- 新英格兰
- 中部
- 南部
- 西南部
- 西部
- 中西部
- 大型城市中心
- 郊区
- 小镇
- 农村
- 大学社区
- 文化中心
- 可以户外活动的区域
- 关注体育活动的区域

随着经济环境的起伏，城市中的建筑机遇和发展情况也在发生变化。如果你主要对住宅设计感兴趣，那就要不断对公司，特别是高端项目的开发模式进行学习。强劲的经济形势下，能够满足户外活动需求的城市里，高端第二住宅和度假市场发展活跃。反之，如果你对商业开发项目的设计更感兴趣，留意那些有强大经济刺激计划和市中心重建计划的城市。在有经济刺激计划吸引企业的城市里，建筑和室内设计公司也会经历成长。

你想为哪种类型的公司工作？

通常要有一些工作经验之后才能知道哪种公司最适合你：

- 大型国际公司
- 大型国内公司
- 多点办公公司
- 本地公司
- 特定类型
- 综合实践
- 独资企业
- 本地企业

在不同类型的公司工作会获得非常不同的体验。你会发现不只是项目的类型和规模不同，公司员工的类型也会存在较大差异。例如，当我在哈里森和阿布拉莫维茨建筑事务所（Harrison and Abramovitz）开始第一份工作时，被分配到纽约城市歌剧院的项目。这个项目在我加入前已经进行了几年，再过几年才会动工。这就需要参与人员能对一个项目全心全意地付出。我理想中激动人心的职业可不是几年如一日被拴在办公桌前。相反，当我加入纽约的考迪尔·罗莱特·斯科特（CRS）建筑师事务所时，他们的大部分工作都在纽约城外进行，所以我需要经常在外工作。有机会与各种类型的新客户见面令我十分激动。团队为项目做外出准备时，我看到办公室里充满了活力，当他们从专家研讨会回来的时候，我们可以听他们讲现场的经历。我喜欢出外勤，在现场代表公司，担任值得信赖的角色。

你想参与什么样的建筑项目?

一开始，许多学生都在寻找有综合实践业务的建筑公司，希望参与很多不同类型的项目，以全方位地了解建筑实践。另外一些学生可能已经有了具体目标，从一家有专长的公司开始，比如以下的公司之一:

- 商业
- 办公
- 零售
- 住宅
- 娱乐
- 文化
- 体育
- 绿色
- 木材
- 高层
- 医疗保健
- 教育
- 医院
- 公共/政府

如果可以重新选择

如果我能根据现在的经验重新开始，我会选择一个中等规模，有40～65名员工，项目曾经获奖的建筑公司，管理团队由3个或以上的主理人分管营销、设计和运营。我会选择一家客户组成有多样性，且有明显老客户的公司。因为我知道自己做管理比做设计更出色，选择一个以设计为主的公司比较适合我的个性，在那样的环境中我会表现突出。我欣赏美妙的设计，但我也知道项目管理同样可以是富有创造性的，值得赞赏的。

一个有着40～65名员工的公司应该既有大项目，也有小项目；既有市内的项目，也有市外的项目；允许一定的外勤工作。此外，这种规模的公司足够大，可以聘请各个领域的专家，以便在大型项目中具备较强的竞争力。规模更小，没有明显后备实力的“设计”公司，也可以完成大型项目，但往往在承接过程中面临较大困难。规模超过75人的公司通常会将工作划分到各个工作室，各个工作室负责一到两种类型的项目。这种工作方式也许对公司来说效率不高，但我喜欢一年时间里有机会处理多种类型项目的机会。在老客户方面也有较好的机会。老客户的项目往往是小规模的，我喜欢这一点，因为它们通常周期较短。建筑、室内、规划设计项目的组合往往可以带来更多效益。

前面提到的公司至少有3个主理人的观点是基于我的感觉，即这种具有很大收益潜力的规模企业承担的独特责任使得业务的每一个主要部分至少由一个人专职处理。项目管理、营销和简报中也可能存在重叠。

最后，这种规模的公司基本选址在较大城市，有丰富的住房储备和广泛的教育和文化活动。

人力资源的细节

以下列出的人力资源和财务因素并不针对建筑或室内设计业务，而是涵盖所有业务类型。随着一个人阅历的丰富，这个清单似乎越来越长；随着个人状态从单身、无忧无虑，已婚，变为已育，或者随着年龄的增长，寻求更多的安全感，清单中的一些内容会变得更为重要。

- 基本工资
- 奖金
- 定期薪酬评估
- 工作时间
- 休假/休息时间
- 病假/事假时间
- 医疗保险
- 人寿/伤残保险
- 职称头衔
- 带薪培训项目
- 建筑师注册考试（ARE）
- 提供协助

创办CPG建筑师事务所时，我38岁，已婚，有两个年幼的儿子，清单上的每一项内容对我来说都很重要。我强调解决每个问题并制定相应方针，因为它对所有加入公司的人来说都十分重要。工资和福利占公司开支的90%以上，商业上应该认真管理每一分钱，缺勤率、生产率、返工和潜在招聘等短视行为会给公司造成更大的开销。建筑公司应该设定一个员工福利的最低标准，以便在人才市场上保持竞争力，同时还应根据公司的类型、规模、地点、整体经济状况和人才需求制定最低变化标准。我的公司一向设法提供较高的工资和福利，因为归根结底，公司唯一的资产是这些为公司工作的人。他们是公司的“产品”和“代表”，是他们使公司产生效率和效益。企业主如果能首先把自己当成员工，而不是想着享受特殊待遇和额外福利，公司的运行会更加高效。员工在公司的待遇很快就会传开。

随着年龄增长，组建家庭，我们优先考虑的事情会改变；然而公司的政策和福利不应该改变。所有的公司都应该有一份简单明确的员工手册，清楚地说明政策。和所有的政策一样，这些政策往往需要澄清或妥协。近年来，我的公司引入了灵活办公、居家办公的选择，以及强化工作场所策略的新技术，并在员工因受伤或疾病而不符合规定时斟酌执行。根据具体情况灵活变通很有必要，而且手册中须列出明确的指导方针，方便员工遵守规定。所有公司都应具备员工手册和指南。我父亲那一代的终身职业选择已经不复存在。如今的公司员工会从“个人事业”而不是“终身事业”的角度来考虑问题。

第三章

找到第一份工作

准备简历

通过网络、文章和书籍都可以找到大量资料，指导你用最好的方式准备简历。我只关注其中的几点内容。

对于刚刚毕业的学生，我不期望在他们的简历中看到很多相关经验，但我还是认为即便只有暑期工作或学校项目的经验，简历也能够展示出求职者的专业精神。

找工作就像公司寻找新客户一样，以下是二者之间的相似之处：

- 两者都非常困难，特别是在经济形势严峻的时期
- 两者都需要大量艰苦而专注的工作
- 两者都需要你依靠所有联系人的帮助
- 两者都要求你在自我展示中具有创造性
- 两者都需要实践
- 两者都要求你留下完美的第一印象

简历不应该只是匆匆准备就发给潜在雇主，以下是准备过程中需要考虑的一些关键问题：

1.你的经历，尤其是暑期工作的内容。说明你做过什么，学到了什么，以及你是如何胜任的。你认为自己最擅长什么？热爱什么？你还可能会被问：你不喜欢做什么？

a.在专业层面上，思考自己是否擅长管理他人，设计，选材，技术使用和草图绘制。

b.在个人层面上，思考你是否对音乐、美食、手绘、摄影、旅游等感兴趣。

2.建筑和室内设计公司还需要哪些其他技能？我希望你能具备一流的写作、沟通、渲染、网站设计技能，或社交媒体等其他领域的技能。企业欢迎具备多重技能的新员工，因为他们能在需要的时候填补空缺。

3.可以适度使用有创意的简历格式。避免使用过于可爱的字体和颜色。让你的简历保持极强的专业性。简历经常需要打印出来，在办公室之间传阅，所以彩色的简历用黑白打印机打印出来可能不利于阅读。

4.你的简历会被如何查阅，我们无从得知，所以要保持简洁的格式。把简历发送给使用不同型号电子设备的朋友，包括智能手机、平板电脑和电脑。最好是以pdf格式发送，因为手机和电脑使用不同软件都可以查看这类文件。

5.请朋友打印你的简历，检查格式。确保文件不以空白页结束。

你的求职过程应该包括6个部分

求职信

简历的邮件不可写给“敬启者”或“相关人员”。一定给公司打电话确定收件人的姓名、称呼。

单页的简历

- 首行写明姓名、电子邮件和手机号码。你的地址并不如这些信息重要，如果你的现住址与求职地址不符，还可能造成干扰
- 用3～4行简要写明个人意向和目标
- 只列出高等教育经历，从最近的写起
- 列出工作经历与持续时间，从最近的经历写起。应该着重说明每段经历中的职责和所获经验，也可以描述在这份工作中你是如何帮助他人的

· 描述你的专业技能和获得的奖项。Revit建模软件是眼下的热门话题，在未来的几年里，即便是小型公司也会引入虚拟现实技术，以保持竞争力。如果你在这方面接受过培训，一定要让未来的雇主知道

· 列出课外活动、兴趣和成就，比如继续教育，戴尔·卡耐基领导力培训课程以及美国建筑师协会、国际财务管理协会、美国工业设计师协会或绿色建筑评估体系等协会组织的课程

非常重要的一点是，你要明白，由于大多数公司的数据和互联网要维持高度安全，发送带附件的文件通常不受欢迎。可以在电子邮件中说明，pdf格式的附件就是你的简历，更好的方法则是把简历复制、粘贴到邮件的正文中。发送之前测试能否顺利打开邮件，打印内容。

这就是一个简历，非常清晰易读。

加里·昂格尔　　gary_unger@cpgarch.com
203-274-2685　　www.cpgarch.com

简述

我在建筑行业50年的职业生涯一直顺风顺水。将CPG建筑师事务所的所有权转让给3名员工后，我探索如何回馈建筑行业。能在漫长的半个世纪里收获如此积极的职业经历十分难得。

目前我正在写一本名为《你的建筑生涯》的书，帮助建筑和室内设计的在校学生、实习生和执业建筑师以更快的速度取得成功。

我正在创办一家免费咨询公司，帮助企业通过提案申请、设计清单来改进阶段交接，定义高效流程，提高赢利能力，实现项目风险管理。

教育背景

1964—1966年得克萨斯大学建筑学学士

1960—1964华盛顿大学建筑体验理学学士

职业经历

1990年至今，康涅狄格州斯坦福德**Link Systems公司创始人**

Link Systems是一家专门为房地产行业设计应用程序的软件开发公司。应用程序适用于业主和物业经理进行租赁管理、设施管理、维护/工作指令和资产组合管理。有超过900家大公司使用Link Systems公司的产品。

1980年至今，康涅狄格州斯坦福德**CPG建筑师事务所创始人**

CPG建筑师事务所为市政当局，医疗保健和教育机构完成了数以千计的建筑和室内设计项目，专注于设计美观、功能齐全、高效的设施。

1974—1980年，**美国运通公司规划和设计主任**

最初掌管了美国运通公司纽约总部大楼11148平方米的规划和设计工作，然后留任5年，管理美国运通公司的全球设施。美国运通公司在全球范围内拥有或租用3500处房产。

1968—1974年，**在CRS建筑师事务所任职**

想要学习服务客户的“正确方式”，CRS建筑师事务所毫无疑问是全美范围内最合适的建筑公司。比尔·考迪尔教导他的员工不仅要成为优秀的建筑师和服务提供者，还教会员工如何成为战略合作伙伴。

获奖情况/技能

2010年美国出生缺陷基金会房地产年度风云人物。成功提高了营销技巧，展示技巧，长期规划能力，业务预测和组织发展能力。

兴趣爱好

旅游、摩托车比赛、古董车、雕塑、博物馆。

准备个人作品集

建筑是一门可视化的学科，精心挑选作品集的内容很有必要。你需要考虑作品集中使用的案例的设计以及你想要展示的材料的格式。

由于服务目的不同，针对不同的观众，你的作品集需要具备灵活性，便于组织。给作品添加标签，说明作品是属于课程作业、独立完成项目，还是为其他公司进行的项目。需要清楚工作完成的时间和投入项目的大致时间。你应该记录并保存学生时期所有的作品。

你的作品集是一个设计声明，反映你的设计风格和组织能力。我强烈建议不要在作品集里采用松散插入的方式。作品可能会混淆无序，给人留下你也是这样混乱的印象。如果采用另一个极端，使用精装本也会显得不够灵活，不合时宜。我的建议是使用三环活页夹或两柱活页夹。这种类型的作品集是最好的，因为你可以根据受众的情况重新组合内容。

作品集

我建议不要将作品集中的案例嵌入简历中，那样可能使文件过大，服务器无法接收，或者难以打印。你可以提供个人网站或者在线作品集的链接，内容可以不断更新，使用方式可以进行控制和调整。应聘者往往会被要求留下自己的作品集，以方便面试公司的其他人查看。尽量避免这样做；你可以说等对方有空的时候你很乐意回来展示你的作品。留下的东西总是会莫名丢失。

得到面试机会

为你要见的观众准备好关于你自己和你的背景的最好的故事。永远记得花时间提前研究你要拜见的公司，这样你就有了组织重点内容所需的信息。

首先要了解：

- 公司发展历史
- 创始人毕业院校
- 公司业务类型

· 公司业务特长
· 服务客户类型
· 公司是否有很多老客户
· 公司网站上是否包含员工政策

记住，当你参加公司面试，或者是向某个人展示你的作品集以获取建议时，重点是你的故事，而不是你的作品。

对于做简报的人，我经常给出的建议是，你的表现通常会按以下顺序被评估：

1.你的外表。
2.你说话的方式。
3.你说话的内容。

你面试的公司规模越小，你在面试中遇到的招聘人员的级别就越高，得到面试结果以及确定你是否喜欢这家公司之前需要进行的面试次数就越少。面试规模较大的公司时，需要多次进行面试，艰难且耗时，但是必需的步骤。

应聘招聘信息中的职位时，可能会有一名招聘专员先进行筛选，之后再安排应聘者到公司面试，应聘者也可能先到人力资源部面试。在这种情况下，专员会看你是否适合岗位，如果适合，那么你将与公司的一位关键人物会面，以便他们能够直接了解你的情况。

跟进

每次见面后都要发一封感谢信、跟进信或电子邮件。请记住，大多数简历都是被查看6～10秒，然后直接按“保留以备后续”和“丢弃”分类处理。

> 我会先看求职信，然后是简历本身：学历/学位，个人陈述，以及列出的最近一两份工作。我认为求职信是其中最重要的部分，因为它显示了你对公司做了哪些了解。
>
> 近期开始的一个求职新趋势是接受视频简历。

面试的穿着

如果你知道面试对象，可以询问着装要求，或者到公司的网站看看有没有员工照片。如果有的话，看看那些照片，然后想一想，他们是怎样着装的？一个很好的经验法则是穿得比面试官更正式一点。如果你不知道会面的对象，可以打电话给公司，向对方询问着装要求。另一个是查看公司的社交媒体页面，查找是否有任何照片，阅读公司的帖子或博客也可以帮助你更多地了解公司文化。

面试的地点

在我的公司里，根据面试和其他正在进行的会议的级别，面试可能在几个不同的地点进行。具体位置取决于面试官是否想让你看到办公室的内部运作，还是只想待在公共区域。在我的公司里，如果办公区很忙，我们可能在接待区找张桌子坐下聊天，或者去休息室、咖啡厅或者某个会议室面试。

面试地点也取决于参加面试的人数。我一般会邀请至少一名员工与我一起参加面试；两名更佳。因此，你必须为任何情况做好准备。面试时多带几份简历。

你可能会被问到的问题

以下是典型面试中你可能会被问到的几个问题。

你可能需要提前准备如何回答这些问题：

1.你看过我们的网站吗？觉得怎么样？
2.你是怎么得知我们公司的？
3.你为什么要加入我们公司？
4.你喜欢我们作品的哪些方面？
5.你最感兴趣的是哪类工作？
6.你最喜欢暑期工作的哪个方面？
7.你的业余兴趣爱好是什么？
8.你感兴趣的是设计，还是管理？
9.你在学校最大的成功和失败是什么？
10.你会给我们公司带来什么？

你向一家公司递交申请之前，当然也包括你去面试之前，要确保你所有的个人社交媒体上没有任何令人反感的内容。你未来的雇主可能会来查查你——这很容易。用你的名字做一个搜索就可以看到网络上关于你的公开信息。

你可能想问的问题

找工作的时候，我总是把问题分为两类：先是一些简单的问题，看看我是否喜欢这家公司以及他们回答问题的意愿。然后，如果在这些问题里我得到了肯定的答案，我会试图在之后多聊一些或者在后续的电话或信件中深入了解。

面试通常会持续30分钟左右，所以面试中可问的问题数量有限。我找工作的那个时候，还没有可以浏览的公司网站，所以我必须开动脑筋寻找空缺职位，了解公司历史。如今所有的公司都有网站，很容易在面试前找到关于公司的基本信息。在你的面试过程中，问一些关于公司组织结构的问题是很合适的。我会试着提前弄清楚，如果接受了这份工作，我会被怎样归类。我希望寻找以团队而不是任务为组织核心的公司，因为我赞成团队工作的方式，有更好的机会在不同的时间参与项目，理解项目的整个过程。以任务为组织核心的公司喜欢让实习生从处于施工图阶段的项目入手。在实习生擅长处理细节后，就会被留在这个阶段使公司的效率最大化。除非你要求参与到不同阶段的工作，否则可能会很长一段时间都仅仅在处理施工图。

在公司的网站上可能会找到一些关于公司结构的信息，尤其是他们列出员工的个人简介和职位的时候。你应该寻找的是有上升空间的结构。

询问他们处理的项目类型——商业、住宅、医疗、教育等以及每一类的比例，这会帮你弄清楚他们是否接触你喜欢的那类工作。现在，知道员工的数量以后，我们甚至可以估算出一个公司的大致收入和人均收入，这能成为你衡量该公司运行状况的一个指示。询问关于员工培训计划的问题可以让你知道公司是希望员工多工作一段时间还是仅仅临时补缺。针对项目雇用员工的问题，在项目完成后解雇员工的公司会在业内留下恶评。

离开面试公司之前，确保你拿到了每个人的名片，这样可以获得他们的姓名、头衔、电话号码和电子邮件的正确拼写信息，便于后续跟进。

跟进

面试结束后：

1.大约在面试的第二天，给每个面试时在场的人单独发一封电子邮件。
2.在这封跟进邮件中，分别感谢每个人对你的接见。这也是一个针对面试上讨论过的要点进行澄清的机会，还可以提出你可能有的其他问题。你可以建议另寻时间见面讨论这些话题，这样就可以表明你期待进行一次短暂的洽谈。
3.如果面试中你被问到了一些开放性的问题，无法立即回答，跟进邮件也是处理此类问题的好途径。

在工作机会之间做出选择

我希望你能得到不止一个工作机会。邀约通常在会面过程中发出，也可能通过电子邮件或后续电话进行。记住这条建议：永远不要说你还有其他的工作机会，你会对二者评估之后给出答复。如果你还没想好是否要接受某个工作机会，说声谢谢，你会回复他们的。永远不要用一家公司的工作机会与另一家公司的工作机会进行比较。那样反而会给你带来麻烦。

收到工作邀约通常意味着公司喜欢你并且想要与你讨论薪水事宜。工作邀约可能包括了基本工资信息，但这只是个开始。

接受一份工作之前应该考虑什么

从这一阶段开始，主要的挑战是如何在不惹恼任何人的情况下，弄清楚关于财务和专业的所有细节问题。下面是你最终决定接受某个工作邀约之前需要弄清楚的一些细节：

- 如果讨论到工资，询问是以半月，还是以月为周期支付
- 有年终奖金吗？如果有，奖金金额是基于公司的盈利情况，还是个人表现？
- 是否有正式的年终评审讨论绩效与薪酬？

很多问题都可以在员工手册上找到答案。现在要求阅读员工手册可能过于超前，但如果谈话中提到这个话题，你可以要求看员工手册，这样可以避免过多直接的提问。你的联系人甚至也可能不知道那些问题的答案。接受工作之前，你可能要寻找几个关键问题的答案：

- 公司提供哪种类型的医疗保险方案？公司和员工的参缴比例各是多少？
- 病假、事假和休假的天数是多少？未用假期是否可以顺延到下一年？
- 一年之中是否有公司不希望你去度假的时间段？
- 公司是否为员工缴纳人寿保险或伤残保险？
- 如果你开车上下班，公司是否提供里程补贴？如果是，执行什么标准？
- 是否每月提交个人费用报告？如果是这样，报销款多久能支付给个人？
- 出差前是否能申请预支款？

· 你的工作头衔是什么？更重要的是，办公室其他人的工作头衔是什么？这些信息可以在公司网站的“员工简介”或“职位”的列表上找到。了解头衔会帮助你在晋升中明确信息和方向
· 公司是否提供个人可以申请的培训项目？如果有，这些项目是在工作时间，还是在下班时间进行？费用是否由公司支付？

谈判中的关键问题

1.了解你谈判的对象：他们能做决定吗，还是必须向上级汇报后再决定？
2.不要一次只谈一件事。那样会让对方失去耐心。同时就多个问题进行协商。记住，你的目标是一套薪酬方案，要让对方知道你看重的是什么。
3.谈判中不要操之过急：那样会让你显得有点绝望。你想让自己看起来自信，而不是傲慢。所有谈判中都有一些问题让公司更容易放弃。

在说出“是的，我愿意接受这份工作”之前，你需要考虑很多事情。如果可能的话，不要着急，因为你只有一次机会进行谈判。

最重要的一点是，即使你需要自己起草接收函和工作描述，也要把与这份工作相关的所有细节都写下来。

被拒绝了怎么办？

如果被对方拒绝了，你应该给你遇到的每个人都写一张感谢卡，感谢他们提供的面试机会和讨论空缺职位的机会。你还应该记住两件事：

· 如果对方是一家你感兴趣的公司，就在信里加上一两句话，表达你对他们印象深刻，也希望他们把你的简历存档
· 如果对方回复你的资历尚不足以胜任那个职位，回复你可以参加其他岗位的面试，原因就是你真的很喜欢这家公司，它的作品，以及你遇到的人

第一部分概述了你应该做的最重要的事情，确保你学业的结束是成功职业生涯的开始，而不是为期五六年的建筑系教育的结束。

我相信，在学校的最后阶段集中冲刺完成论文项目，之后又进行展示，对你我来说都是一场折磨。毕业之后，你最不想考虑的就是另一个项目——找工作，这就是为什么提前规划你的职业生涯大有益处。

我敢肯定你们的教授中没有一个人说过，在建筑或室内行业工作，“你应该对行政工作充满热情”。

你被教导要热爱设计，而不是做营销，准备提案，进行简报，计费和核算，做人力资源和办公室管理。在默认情况下，许多人以为编程、预算、行程安排和撰写会议记录是不可避免的工作内容，会分散宝贵的设计时间。

这些行政事宜和非设计任务应与设计过程一样，尽可能以创造性的方式完成。你可能不喜欢这些任务，但它们代表了现实世界中一个项目大约80%的时间投入。我的经验表明，一个项目只有大约20%的时间真正花在设计上。这本书关注的也是那80%的项目管理和办公文书相关的任务。

毕业应该是你通向美好事业的跳板。尽早开始计划，把要做的任务分成小的、更易操作的部分，你可以在毕业前就把这些事情做完，而且很有希望毕业假期结束之后就能开始工作。

从12岁开始，我每年夏天都去打工，最初是为了想买好玩的东西而存钱，后来上了大学就是为了赚自己的学费和开销。父亲给我传授了很多找工作的经验。其中包括：

· 在校期间就开始找工作——比别人先行一步
· 准备一个简短的说明，解释为什么我有兴趣在某个公司工作
· 面试时穿着得体
· 每次面试后都发一封感谢信

上大学之前，我很幸运地做过3份特别好的暑期工作。3份工作都与钢铁和建筑相关。

· 13岁时，我在一家钢厂找到了一份起重机操作员的工作，负责给平板卡车装上结构斜角、钢筋和网辊。得到的经验教训是找好自己的节奏。起初，司机们都讨厌我，因为我工作的节奏太快
· 14岁时，我被提拔到司机的岗位，开着一辆没人看得上的旧皮卡，把钢材运到建筑工地。那个夏天结束时，我又被提拔驾驶约6米长的拖头车。当时的我还是一个孩子，很快就发现在送货中犯错误是让人痛苦的经历。如果我犯了错，我就得自己把钢材搬回卡车上。我学会了放慢速度，把订单检查两遍
· 16岁时，我要求升职开拖车，他们同意了。我喜出望外。因为这是一份责任重大的工作，还可以路过妈妈家吃午饭，十分开心

第二部分　开启职业生涯，精益求精

PART II

Starting and Excelling at Your Job

第四章

留下最佳印象

初入职场，不要莽撞

刚刚进入一家公司时感到紧张是自然的。公司里的每个人可能都在猜测你的薪水，了解你的能力。他们想知道你就任的是一个新岗位，还是填补空缺。记住，好管闲事，人之本性。

我告诉所有的新员工：来到新公司的时候，要矜持、谦卑，对周围的事物表现出兴趣。

不要急于成为所有人的好朋友。相反，花点时间去了解新公司的工作关系。看看当管理层需要帮助的时候，他们会去找谁。了解等级和秩序，在不同的项目中谁都负责什么。有时候仅仅通过观察和倾听能比你自己问问题有更多发现。

午餐时间通常是更好地了解办公室动态的最佳途径。有些人自带午餐，有些人出去买午餐，有些人在餐厅吃饭，其他人则是和客户或老板出去。看看不同阶层人士是如何搭配的，慢慢地找到自己的定位。如果公司有“午餐和学习”的研讨会，一定要去参加。你很快就会发现谁是组织中的领导者——他们就是会提问的那些人。

如果有经销商来举办下班后的产品研讨会，尽可能参加所有此类活动。其中许多活动属于建筑师协会的积分项目，建筑师通常都会参加来获得积分。

良性循环和恶性循环

每当有新员工进入公司，我们谈论的第一件事就是交流的方式。我们会解释如何在公司内部与同事交流，以及如何对待朋友、客户、顾问和经销商。这些交流在很大程度上反映了我们作为公司成员和个人的内涵。鉴于这个概念的重要性，我将在下一章里再次进行强调。

想让别人如何对待你，你就怎样对待别人，这一点在人际交往中的重要性，我怎么说都不为过。虽然听起来很老套，但就我的经验来说，草率地进行交流可能会导致意想不到的结果。

过去我们常常与客户当面确认想法、项目状态、日程安排，或者澄清误会。我们会花时间写下有主题，有开头、中间和结尾的电子邮件进行跟进。我知道这听起来可能很老套，但我看到了太多编写草率的电子邮件，最终导致情况非常尴尬，甚至引起诉讼。你猜对了，我讨厌将电子邮件作为主要的交流方式。

但我知道，对于今天的很多人来说，电子邮件就是主流。所以如果你要依靠电子邮件，至少要保证你的电子邮件书写得体，而且每一封都传达出你想表达的语气。

每个人都应该记住，你发送的任何一封电子邮件最终都有可能出现在法庭的投影屏幕上。考虑到这个现实，请务必在发送电子邮件之前三思而后行。

还有许多其他类型的通信方式可以考虑：

> 1.给办公室打电话——对很多人来说，给我们的办公室打电话是他们第一次与我们建立联系。尽管成本较高，但我们发现让一个非常熟悉业务的人接听电话其实非常划算。我承认我们在电话的问题上从未尝试过使用自动接听助手，但结合我个人与许多机构电话联系的经历，自动接听助手的体验其实非常糟糕。我一直想让每位工作人员偶尔接听办公室电话一个小时左右，亲身了解这个岗位有多重要。客户、

朋友和供应商可以通过直接拨入电话或者拨打移动电话与我们直接取得联系。这会减少一类电话——普通问询的数量，想要联系某个主理人的潜在客户，预约展示产品的经销商，以及项目上的其他合作伙伴。每次通话都是极其重要的。我认为我们永远不会回避亲自回答任何一个问题的机会。

2.奖励好的反馈——35年前，我们开始了一项政策，如果客户对我或者其他资深的同事讲述某名员工的优点，这名员工就会得到50美元。在35年里，我们已经分发出了数百个50美元支票。员工们很喜欢这个政策，当这些说好话的人了解我们的政策之后，也觉得印象深刻；然而，像大多数项目一样，它并不是对所有人都很公平。那些不直接与客户打交道的员工就没有同样的机会受到直接表扬，所以我们有替代政策来认可这类员工的成就。

3.说谢谢——虽然现在有些人已经习惯说谢谢，但其实应该有更多的人这么做。我们甚至在办公室里印好了感谢卡，这样我们就能把感谢的心意发给那些为我们做了好事的人。我们已经寄出了几百张这样的卡片，得到的反馈十分喜人。

在建筑行业里，有很多人在各个方面不断帮助我们，值得我们感谢：供应商，产品经销商，咨询顾问，以及按时或提前付款的客户。其中的每一类人都为公司做出了巨大的贡献，很多时候他们为我们的简报提供重要的信息或样品，帮了大忙。我们必须始终感谢这些人。

4.合同事项——我告诉公司手下，所有的合同上的调整都应该以信函的形式记录下来，而不只是用电子邮件交流。如今，如果你寄信，人们往往比较重视，主要是因为现在没人写信了。信件比较特别，就像过去的传真和联邦快递一样。如果你想确定信件已经收到，寄出时选择“签收回执”的选项。与预算和计划有关的合同问题经常出现，所以把你的观点记录下来很重要。如果有项目经理或业主代表为客户工作，不妨给双方都寄一封信。如果你认为涉及的问题足够重要，未来可能会牵涉诉讼，我建议将内容密件同时传给你的职业代理责任人。

5.内部沟通——多少次你看到两个员工只是隔了几张桌子，却在发电子邮件沟通？如果你在安排会议，那么发电子邮件是可以的，但如果你是在问问题，我们都知道一封电子邮件是远远不够的。所以下次你想通过电子邮件向坐在附近的同事提问时，给他/她打电话，或者试试当面提问吧。

6.帮助你的同事——花时间帮助同事会给你带来丰厚的报酬。这么说不是让你为了回报而付出，这种回报可能很简单，也许只是在你有问题的时候身边可以有一个可靠的人。首先，它帮助你理解哪些是人们可能需要额外了解的主题；其次，如果你还没有担任过管理职位，帮助同事可以显示出你的领导才能，甚至可能帮助你获得升职机会。

找到适合自己的位置

不管你在面试过程中问了多少问题，了解一家公司如何运作唯一的方法就是加入它。

在面试过程中与尽可能多的员工见面有利于了解形势，以及谁负责什么。你很快就会发现你在公司中的位置以及想要升职之前你需要了解什么，做什么。

“项目型”公司和“任务型”公司

在我看来，在“项目型”公司工作更有趣，因为你可以从客户的角度了解公司运作项目的全过程。即使你在不同项目中负责的内容是相似的，作为行业新人，有机会参与项目的各个阶段仍是十分重要的。这种结构类型主要集中在规模较小的公司。在这种情况下，你可以争取阅读合同，理解服务的阶段和范围，并了解公司在每个工作阶段使用的所有文件。

与之相反，“任务型”公司由项目经理，设计师，生产、家具和施工管理员的团队组成，在这样的制度下想要了解项目的整个过程，你需要付出更大的努力。同样，询问是否能阅读合同，了解日程安排、项目成本、人员和场地安排、会议记录和后续表单。尽管作为新人，你可能正在处理的是施工文件等单项任务，对其他工作内容的问询可以表明你对项目的各个阶段都感兴趣。

争取额外点数

大多数公司会邀请经销商介绍新产品或服务。这些聚会通常在午餐时或下班后举行。（主要是让注册建筑师继续获得认证；出席此类活动会让他们得到点数。

我建议你试着参加每一个能获得额外点数的研讨会，来了解公司认为员工应该了解的主题。此外，你很快就会知道谁是最会问问题的人，谁又是最有兴趣获得额外知识的人。）

做一个颠覆者

我所说的“颠覆者”是什么意思？我认为挑战传统思维方式的人或公司就是颠覆者。你可能会说这听起来很像创新者的概念，也是对的。颠覆者和创新者这两个概念非常相似。谷歌公司将颠覆者定义为创新者，但同时说明并非所有的创新者都是颠覆者——就像正方形是矩形，但不是所有的矩形都是正方形，是一个道理。

哈佛商学院教授，颠覆大师克莱顿·克里斯坦森说：“颠覆是通过彻底改变我们思考、行为、做生意、学习和日常生活的方式来实现的。每一个颠覆都会改变现有的市场、行业或技术，产生某种全新的、更有效的、更有价值的东西。”我很想成为一名颠覆者，但我也满足于做一名创新者。我一直觉得，商业世界里，如果你不冒险，就永远不会成长，如果总是循规蹈矩，你会变得无趣。我尽量不遵守既定规则，具有“破坏性”（也可以指创新、独创、新颖）正迅速成为美国商界的时髦词。

谷歌、亚马逊、优步以及许多其他数字公司都被称为颠覆者。他们已经是成熟的公司，客户的期望值每天都在增加。我们都看到了这些公司如何改进他们的组织结构，以提供崭新的、卓越的、适应性强的客户体验。

根据我的定义，个人也可以是颠覆者。比尔·盖茨、史蒂夫·乔布斯、杰夫·贝索斯，当然埃隆·马斯克也是颠覆者。如果我的公司里有几个创新者，就能让我心满意足了。

办公室里每天都有情况发生，需要付出额外的努力，或者找出一些新想法。我去过很多公司，员工在办公室里进行问题讨论，但除非老板直接要求某人寻找解决办法或把任务分配给具体的人，否则什么也不会发生。你应该主动承担任务。我将愿意付出额外努力的人称为颠覆者——一个颠覆办公室常规行为的人。我们都听说过80/20规则：80%的成果来自20%的人。20%的员工自愿参加特殊项目其实很难实现，能有几位有新想法的员工也对公司大有帮助。

每个办公室都有一些可以而且应该改进的地方。额外的努力总是会受到管理层的欢迎。

内部工作流程：梳理工作流程，减少返工

返工是计划被批准后又发生改变的时候，需要重新规划、重新设计和/或展示新想法所产生的工作。在设计前使用头脑风暴法演示任务，可以最大限度地减少这种改变，为公司和客户节省时间。

几年前，我邀请了康斯特普（CONNSTEP）顾问公司来评估我们公司的内部工作流程。我们想要确定需要修改或取消的工作步骤，以改进我们的交付系统。内部人员通常很难实施这种类型的研究，但是当你聘请了顾问公司，就十分容易。

康斯特普顾问公司的主要商业模式是帮助康涅狄格州的制造商审查他们的工作流程，以便在不增加员工数量的前提下开展更多业务。我们公司也有相似的需求。卓越的建筑和室内设计人才在任何城市都很难找到，为了用同样数量的员工配置开展更多的业务，我们也需要提高效率。建筑行业的本质也是制造——建筑师制造一套用于建造建筑项目的计划。

我们邀请了8名员工每周花1小时参与康斯特普的评估项目。我们花了很多时间来绘制出典型项目涉及的所有步骤。我们以为自己了解每一个步骤，但当真正设计出流程图中所有的变化和可能性时，还是让我们感到十分惊讶。

我们确定了工作过程中最容易出现返工的5种情况。画出这张图以后，我们可以直观地找到导致返工的步骤模式。

以下情况容易出现问题：

- 在整个咨询团队加入之前就启动工作会错失咨询团队初始加入的好处
- 在与客户共同完成项目构想和规划之前就开始进行适应性测试和构建评估
- 在没有明确预算或者预算范围时就开始工作
- 由于进度变化而跳过了一些步骤——认为可以过后再返回进行修改
- 没有很好地执行从深化设计到施工设计的切换

通过对每个阶段工作的开展方式进行细化，我们消除了那些容易出现问题的情况，节省了相当多的时间和经费，同时发现我们在达成苛刻的进度安排下完成任务更加游刃有余了。

表格

公司内部和外部使用的表格总有改进的空间。由于对具体信息的要求不断变化，我们为准备表格使用的软件也随之不断改进。如果我们不花时间重新审视每个表格的目的，不仅会错过为客户提供更多价值的机会，更会浪费时间。表格的设计往往是落后的。大多数表格内容都围绕设计者需要的信息，其实我们应该首先考虑客户需要的信息，并从这个角度进行设计。流程的第二部分是我们如何将表格的内容或信息传达给客户，是通过电子邮件发送，还是作为便于检索的信息系统的一部分？所有的信息都应该以云技术，而不是电子邮件的形式来传递，采用的格式也应方便将来访问和备份。

服务

增加新的服务项目，特别是认购服务，对于缓和收益曲线，提高公司的盈亏底线都有长期好处。许多较为传统的建筑和室内设计公司发现他们曾经的招牌服务流向了项目的其他参与者——业主代表、房地产经纪人、项目经理、家具经销商、视听和信息技术顾问、工程师、搬迁/地点顾问和工作场所战略顾问。想要保持业务量，公司维护原有服务的需求与开发新服务的需求同样强烈。

当访问其他团队成员的网站时，你会惊讶地发现你们的服务中有多少是由多家公司提供的。财力最为雄厚的公司以及把某些服务当成一次性广告或市场营销的公司会很快损害建筑师服务的效果。你会发现其他公司选择提供的类似服务对于他们来说并不构成责任或风险。

企业家与内部创业者

我们都知道企业家的定义。在本书的语境中，企业家是指独自开创新公司的个人，一个通过个人技能和激情创造一个企业并且愿意为它的成功和失败承担全部责任的人。

我将企业家以外的人分为两类：

- 内部创业者
- 员工

内部创业者是指那些带着企业家般的热情，运用自己的技能、激情和创新精神为别人的企业进行管理或创造的人。尽管企业家和内部创业者都具有远见，企业家通常能发现市场上的机会，有勇气和热情将机会变成生意。相反，内部创业者则运用激情、动力和技能管理业务或创造新的、有价值的业务。

企业家和内部创业者的其他区别是企业家有行事的自由，而内部创业者想要变更公司的流程、产品设计，或实现任何其他创新之前可能需要获得管理层的批准。

员工显然也是有价值的，他们为公司的业务发展提供支持。不是每个人都能够成为或想成为一名内部创业者。

每一家公司都需要这3种类型的人：

- 企业家——有远见，并有可能果断地寻找到机会

- 内部创业者——没有他们的支持和创造性思维，企业取得成功会更加困难
- 忠诚、有才华的员工——全心全意地努力为客户产出高质量的成果

指导

每个办公室都应该建立一个指导计划，方便员工之间互相交流想法，检查工作，学习新的技术技巧。

导师的角色是引导和支持，是朋友和知己，也是信息的来源。对导师的需求会随着时间的推移而减少，当新员工发展出自己的朋友圈和联络人网络之后，这种需求将完全消失。

导师需要随时待命，随时准备提供帮助。导师制是帮助员工成长最好、最快的方式。指导计划中的一部分内容是让员工阅读他们参与项目的合同，阅读所有的项目信函和文件，了解工作范围、时间和报酬。

客户的所有信函，即使是密件抄送，也应发送给所有项目相关员工。相关员工也应在适当的时候参加客户会议和展示。

记住，指导是双向的。想想你能为他人做些什么。也许你很擅长Photoshop，Revit，SketchUp软件或者具备最基本的Excel技能。询问管理层，你是否可以组织一场“午餐学习时间”活动，来为别人提供帮助。

为注册建筑师考试做准备

我的建议是在毕业第二天或者开始工作的那一天就着手准备考试。不同地区的要求可能会有所不同，同时了解有关学徒岗位的消息。

www.NCARB.org网站上有详尽信息，是适合着手了解建筑实践项目（AXP）的选择。网站上有丰富的资源帮助你了解相关的经验要求，如何起步，如何保持活跃，以及关于指导制度的各种信息。

获得建筑学学位花费了你五六年的时间和一大笔钱，所以在注册建筑师考试这件事上不要浪费一分一秒的时间，不要以为你以后可以再做这件事。拿到注册建筑师资格会让你在公司里的职位和薪水发生巨大的改变。

获得资质对公司来说也非常重要。以下是获得注册建筑师资格对公司的三方面好处：

1.公司可以给你一个新的头衔，并为你的服务开出更高价格（在这种情况下，别忘了要求加薪）。
2.名下有更多执业/注册建筑师的公司在潜在客户的眼中更有优势。
3.提案申请中经常问："贵公司有多少名持证/注册建筑师，其中有多少名将被分配到这个项目中？"

有了建筑师执照，你就更有市场。

许多公司会支付注册建筑师考试的课程、学习材料和考试费用，并会给你带薪学习假。这些加在一起无论在金额还是时间上都相当可观，所以在加入一家公司之前，你要把它作为一项谈判要点。

尽快完成考试。

制定学习计划

想要通过所有考试，制定复习计划有许多方法。

最常见的方法是:

- 取得参考书
- 在www.NCARB.org网站上阅读所有信息
- 独立学习
- 参加帮助你理解考试各科内容的课程
- 和一个或几个与你职位相同的朋友一起学习

第五章

建立个人声誉

个人营销

营销无疑是所有公司的命脉，任何形式的营销都可以帮助公司增加获得新项目的可能。

我们读到的大部分建筑营销内容都属于公司为引进新业务所做的营销。在这一章里，我将探索个人可以操作的，用以建立个人声誉的营销类型。这样做可以直接帮助公司进行整体营销。员工永远是公司最好的营销人员。最有趣的是，员工们并不明白他们在项目中付出的努力是如何直接转化为有益的公司营销活动的。

在我们公司，每年大约有80%的新项目来自老客户。这么高的比例是每个项目的相关员工出色工作的结果。

员工对市场营销的误区：

1.营销是主理人的业务。
2.我没有见过客户，也没有参加过推介活动，所以我不需要关心市场营销。
3.公司没有对我做过营销培训，所以我不需要进行相关的学习。

当一家公司的老客户占有很高比例时，应该表扬员工的营销技巧。他们可能没有意识到，但这正是他们的营销成果。员工需要学习的第一个，也是最重要的营销技巧就是如何完成“一分钟电梯推介”。一些公司组织员工进行推介练习，因为他们明白对于听众来说，这有多重要。

当和知道我们职业的朋友在一起时，他们经常会问的问题可能是：“最近在做什么项目？”这时候，知道如何给出简短而又激动人心的回答就显得十分重要。大多数时候，问问题的人只是出于礼貌而已。然而，当他们听到你答案中带有的兴奋感时，他们会为自己询问了你的近况感到又惊喜又愉快。练习你想说的话！

当与别人第一次见面时，我们可能也会被问到类似的问题：“你是做什么工作的？”或者“在哪里高就？”。二者都需要给出有趣而简短的回答。这两个问题都很难不假思索地马上回答。你会惊讶地发现，当你能给出简短、有趣的回答时，人们会对你印象深刻。练习，练习，再练习吧！

如果一个潜在客户问你：“你们公司是做什么的？”你的回答应该区别于其他较为私人的场合。你的回答方式可能会影响到公司未来的工作机会。练习你想说的话！

人们很自然地想和那些对自己的生活感兴趣的人在一起，对客户来说也一样，他们希望与那些对他们的项目感到兴奋的公司合作。热情是会传染的。你可能认为自己不是在做营销，但你事实上已经在做——做的是个人品牌营销和间接的公司营销。

你能在一分钟内对这些问题给出一个简明的答案吗？暂时放下书，试试看。

几个电视节目邀请嘉宾用一分钟描述自己的职业，然后根据陈述的内容对他们进行评判。一分钟很长。在语速正常的情况下，一分钟可以输出的信息量很大。然而，当你的想法没有条理的时候，一分钟就显得十分漫长。如果你的答案不能引起他人的兴趣，那么他们倾听和理解你所说内容的能力就会成倍地降低。所以要设计并练习你的个人电梯推介。

不管你是计划未来拥有自己的公司，还是希望在目前的公司升职加薪，知道如何做出简短、有效的推介都很重要。如果你也是管理团队的一员，推销新项目也是必需的工作。你以管理者身份所说的话也必然要呈现更少的私人特质，更加官方。

除了知道如何圆满地完成电梯推介，想要打造个人品牌形象还有一些其他方法。首先，让我们探究一下你想建立个人品牌的原因，尤其是你还没有自己公司的时候。原因有4个。你在行业中名气越大：

1.你能要求的薪水就越高。
2.有需要的话，换工作会更容易。
3.你与公司的联系就会越多，也能间接帮助公司获得新的业务。
4.如果你想自立门户，也会更容易。

建立个人品牌有很多简单的方法。你可能已经完成了其中的许多内容，只要稍加调整，你就可以对自己和公司都有所帮助。

· 志愿者工作——协助组织策划下班后或周末的活动。这类活动可以像以慈善为目的组织的散步或跑步活动一样简单。有一些组织为不幸的人提供房屋维修服务，免费食物，免费衣物和照顾。公司通常会赞助你参加这类活动。参加这类活动对你和公司都有好处。你的个人活动可以得到公司的支持，并在公司网站和社交媒体上进行展示
· 大型项目——参与各种机构的活动。这类全美范围内的活动有成百上千个，还有更多的地方组织迫切地需要帮助
· 教育——在你所在的社区学院或大学做兼职教授
· 公民委员会——参加当地的公民委员会是帮助社区和你的公司的一个好方法，包括建筑审查、环境规划、分区。你所掌握的规划、设计和施工方面等特定领域的专业知识会让你受到欢迎
· 地方组织——热心公益事业的组织会在全年开展公益活动
· 社交媒体——在更为私人的层面上，每个人都参与了各种社交媒体平台
· 演讲活动——许多公司都邀请客户参加活动，员工们会探讨新的工作策略和开展项目的研究。你可以在当地的建筑师协会、国际财务管理协会或工业设计师协会的活动中演讲，展示你的专业特长

以下是一些建立个人品牌的方法。总之，提升你的个人品牌将帮助你：

- 为你的公司赢得更多客户，提高业绩和个人收入
- 为你的公司争取到更好的客户
- 发展你的职业关系网，开拓更多的职业机会
- 建立在线社区，进一步增加职业机会
- 无论你如何定义未来的成功，为之奠定基础

工作关系

与同事融洽相处

我之前曾提到过“善有善报”。这样的观点当然也适用于同事之间的相处。大多数人都觉得这样的观点理所当然，没有必要专门为此写篇文章，但我持不同观点。在面试的时候我经常问：“你是怎么了解到我们公司的？”回答可能是通过朋友、同事、现任员工或前任员工的介绍了解到我们公司的。大多数工作机会都是通过推荐，而不是招聘广告获得的。由于晋升、加薪或项目中的额外责任，同事之间的关系可能看起来像竞争对手。在这些情况下，同事不会互相照应，项目进程则会受到影响。良好的人际关系对所有人都有好处。不要与别人谈论你的同事。如果你发现同事在工作中出现错误，直接找到这位同事——而不是老板——就此事进行讨论。让别人难堪总是会适得其反。

与老板融洽相处

我想过要把这个内容去掉，但后来又想到了一些员工发脾气的经历。这样的事发生之后，就很难再获得老板的推荐。公司老板理解员工的流动性，尤其是那些还没有决定职业发展方向的年轻人，因此如果有需求，一般都愿意做他/她的推荐人。但如果你对老板发火，就很难或者说几乎不可能再得到老板的推荐。你想为自己拿到好的推荐信，就要管好自己的脾气。

相处融洽并不等于隐藏自己的想法。如果你不明白工作的内容，或者你干脆无法接受对你的要求，可以就这个问题与老板当面讨论。应该避免跟同事说老板的坏话，你说的内容很快就会传到老板的耳朵里。大多数时候，你和老板之间的问题只是对任务的误解，很容易得到解决。消除误会很有必要。积极主动，不让问

题恶化，也是一个处理问题非常有效的方法。如果你对被要求做或画的东西心存疑虑，有时最好是按要求去做。你也可以按照自己认为更好的方案去做，然后找个时间对两个选项进行讨论。你的方案可能会被推翻，但你的努力会被尊重和记住。

建筑师是一个具有创造性和创新性的职业。如果你试着创造一些新东西，会给老板留下极好的印象。做一个懂得创新的人。你可以对公司的服务提出改进建议，如果能构想出公司可以提供的新服务就更好。你有什么可以推荐的，与固定费用相比，能产生定期性费用的认购服务吗？以认购方式出售的服务，比如有线电视、音乐流媒体服务和网飞媒体频道，使公司收入的高低变化趋于平稳。

与客户、供应商和经销商融洽相处

持有不同来源的推荐信对于寻找新工作很有帮助，因为每个人都从一个独特的角度看待你和你的职业经历。以前的雇主主要体现你的工作经历以及在公司的表现；经销商会评价你的专业度。你应该始终努力发展与供应商、经销商以及客户的关系。

第二部分概述了在专业的办公环境中基本工作礼仪的指导方针。几个月的时间里，学生们从一个非常结构化的家庭环境中快速进入完全不同的学校环境。之后，实习生需要学习新的词汇以及与他人交流的新方式，他们通过自律获得成功。

幸运的是，在建筑或室内设计工作中需要应用的规则简单而有逻辑性，很像成长过程中在家中学会的基础技能。

加入一家公司时，你会为自己完成了耗时五六年的学习项目而感到自豪。然而，你很快就会意识到，你还只是一个新人；你应该花时间去了解办公室的运行规律，多听少说。当你在小组中找到自己的位置时，就可以提问，了解谁负责什么，并开始了解公司的流程和程序。很快，你就可以提出建议，并开始为他人提供指导。

这个职业圈子不大，你将与圈子里的人打很多年的交道。与你的办公室和外部组织的专业人士打交道一段时间之后，你就会认识圈子里的许多人了。这些关系建立以后会与你相伴多年。

不管是寻找新工作，还是着手筹备自己的公司，你在其他同事、经销商、客户和相关业务中的合伙人中建立了怎样的声誉对于未来的人际关系都十分重要。

第三部分 建筑是一个团队项目

PART III

Architecture Is a Team Sport

第六章

交接**管理**

当你开始对自己的工作方式感到得心应手，对自己的经历和成果都比较满意，那就到了**调整**业务的最佳时机。如果等得太久，你就会发现你的营销策略陈旧，员工对细节不那么在意，利润下滑。商业实践中必须不断调整，以保持公司的新鲜感和最佳状态。

上页的图片演示的是传递接力棒的过程，还没有完全完成交接，这就是我认为当今商业，尤其是建筑业的状态。我们都在奋力奔跑，但似乎总不能在交接给下一组之前完成自己的工作，让他们发挥自己的价值。

在把建筑当成一项业务，也把它视为一个团队项目之前，我错过了对工作各个阶段进行微妙调整的机会。那样做能让工作进展更顺利，员工更有成就感，当然，公司也能从中获得更多利润。

建筑和室内设计是非常复杂的业务。即使是最小的项目也有许多团队的参与，每个团队中都有很多成员。因为牵扯到这么多人，项目过程中可能涉及多次的工作交接。

工作交接有两种类型：

1.内部交接——从公司中的一个人交接到另一个人，或从一个组到另一个组。
2.外部交接——从一家公司交接到另一家公司。

虽然两者的构成相似，但内部交接受到的重视程度通常较低，却可能造成严重后果，影响到公司盈利和项目时间安排。内部交接时，你很可能是和朋友和同事打交道；所以一般会认为，如果信息传递过程中出现了缺失，问题可以很快得到解决。可事实恰恰相反。

过于随意的交接可能会：

- 导致接收组的工作完成出现延迟
- 导致工作需要重做，影响盈利
- 导致交接人员之间产生不良情绪

内部交接通常对外，特别是对客户不可见，而经济上的损失通常止于时间损失。当外部交接不能顺利进行时，当然也会出现相同的问题。

当一家公司不能顺利地将信息传递给另一家公司时，风险往往更高。例如，如果进度或预算受到影响，客户可能会参与进来；接收公司方面可能会产生额外的费用，需要得到补偿；或者，如果需要返工或不能按计划完工，可能会产生连锁反应。客户不会因为一家公司造成的错误而愿意向另一家公司支付额外的费用。

交接失败的情况有两种主要类型：

1. 由于工作尚未完成，交接工作没有按期进行。
2. 交接按照计划进行，但工作没有完成，打算在跟进工作中补充缺失的细节。

大多数人认为成功交接的责任在于负责传递信息的交接人。这只说对了一半。接收方也有责任让对方知道如果想要高效地工作，他们期望的信息包括什么。

传递接力棒的图片也许最能说明这一点。送出接力棒的人必须在正确的时间、正确的位置——也就是按照进度——送出手里的接力棒，这样就可以将接力棒稳稳地送到接收者的手里。同样地，接收者必须精准地在正确的时间起步、提速，把手伸到后面去接棒。如果两者都没有以恰当的速度和位置运动，他们要么会撞在一起，要么距离太远，无法完成传递。想要完美地完成交接，唯一的方法就是大量地练习。

一个向外传递信息的内部团队，应该将传递内容列出清单，而一个接收信息的团队应该让传递者了解他们的期待。尽管我们倾向于认为这些是非正式的交接，想要交接成功进行，也应做好监控。

同样的道理也适用于与外部团队进行的交接。二者的基本区别是，当交接发生在公司之间时，风险可能会更大。每一方都有责任指出自己对对方的期待。沟通每个团队的计划对于保证成功交接大有帮助。许多人使用交接协议工作表，它的设计往往包括了每方需要的细节。

交接的团队不仅在传递特定信息，也在传递责任。在称为“策划”的项目初始阶段，客户和建筑师会就公司文化、产品和服务、工作场所策略、员工人数、操作原则、工作流程、设备和家具进行讨论。要进入下一个阶段，建筑师需要制作一份上述信息的汇总报告，并要求客户签字。到这一步，建筑师才开始概念设计。如果建筑师没有得到这一阶段的签字，那么下一个阶段的设计工作尚不应该开始。

变化总是会发生的。早期阶段的变化可能对预算或进度没有很大的影响，但随着项目推进，任务范围的变化可能对公司和团队产生巨大的影响。

以下是建筑/室内设计项目中的主要交接内容:

外部交接: 客户→建筑师→策划信息。*
内部交接: 建筑师→策划信息交给适应性测试团队。
内部交接: 建筑师→适应性测试团队到方案设计团队。
内部交接: 建筑师→方案设计团队到深化设计团队。
外部交接: 建筑师→结构工程师。
外部交接: 建筑师→电气工程师。
内部交接: 建筑师→内部设计团队到施工图设计团队。*
外部交接: 建筑师→与所有工程师协调施工图设计。*
外部交接: 建筑师→与信息技术、视听和安保顾问协调施工图设计。*
外部交接: 建筑师→与家具组协调施工图设计。*

与所有参与者一起审查施工文件。
外部交接: 建筑师→与市政官员进行施工图设计审查。*
内部交接: 建筑师→施工经理或总承包商。*

即使是小型室内设计项目也需要完成这些步骤。

***所有步骤和信息的交接都很重要。标有*的部分代表责任的移交,应该更加正式地加以对待。**

在每次交接之前,都有相当多的信息可以用工作进度表或清单的形式整理出来。整理过几次这类工作进度表以后,你会发现这份表单非常有价值,也使事务的跟踪和管理更容易。

与客户一起构想:第一次信息交接

无论你的客户是计划建一栋大楼,打算购买或租赁一座建筑,还是要重新规划现有的室内空间,第一步都要与重要人员进行会面,包括高层管理人员和被指派管理项目的人员。

建筑师与客户的高层管理人员和内部项目经理见面越多，项目就越成功。高管们需要了解他们的初期投入对整个项目方向设定的重要性。

第一组会面被称为构想会议。这是建筑行业用来讨论客户的宏观计划时使用的行话。这些会议可能只需要几个小时，客户方对项目负有直接责任的所有人都可以参加。

在会面之前一定要记得给客户发送题样。没有人喜欢惊喜，尤其是老板们。下面是适合与客户的高层管理人员讨论的一套典型的、高水平的题目：

- 文化——讨论公司的使命和愿景。一些公司用“愿景”“承诺”和“价值观”来描述他们的目标。我们试着从员工和客户的角度理解这些目标
- 业务概述——对现有的产品和服务，设计中的产品和服务，以及特殊需求进行的评述
- 人员配置概述——按部门或职能对历史人员增长和预测人员增长进行评述
- 地点概述——对于更换地点以提高对员工的吸引力，方便员工出入，接近铁路、高速公路、机场、餐馆和购物区的需要进行讨论
- 设备概述——对改进布局，拥有更好的工作流程和工作场所策略，以及员工设施的需求
- 环境概况——对能够改善员工健康状况，减少旷工，增加生产力的“绿色”设施的需求
- 空间概况——由于旅馆式办公、自由寻址、居家办公和弹性办公，对办公空间的需求可能会降低
- 租赁概述——评估所需的租赁功能：租金率，扩张/收缩/取消的选项
- 预算——设置一个包含应急费用的总预算

其他类别的问题还包括公司期望的形象、员工的年龄，男女比例以及受教育程度。我们会询问是否进行过任何正式或非正式的关于现有空间（包括建筑设施、家具、技术、配色、材料，甚至温度控制系统在内）的调查。

可以询问商业问题；除非客户有房地产、规划和设计或施工方面的经验，有关建筑设计理念的询问应该晚一些再进行。记住，除非已经提前和客户打过交道，否则你可能不会得到关于预算或工程进度的直接答案。如果你问预算是多少，对方会本能地给出一个较低的数目。如果你问期限是多久，他们会本能地给出一个较短的时间。如果你认为预算太少或时间不够，现在就是进行相关讨论的时候。双方出现不同意见时，最好留存记录。

策划：评估现有条件

在构想会议之后，进入场地之前，很重要的一点是了解客户如何使用他们现有的空间。从使用率的角度来评估空间使用是非常重要的操作。有必要先确定他们目前的工作方式：

- 他们使用工作空间的频率
- 现有的私人办公室大小，共享空间、开放工作场所类型和大小，接待处或参观地点等
- 他们如何以及在哪里与他人交流
- 他们多久接待一次客人
- 哪些部门有大量的会议需求
- 哪些部门需要使用特殊技术或储存空间
- 哪些部门最有可能扩张，保持不变或缩减
- 自助餐厅、大型多功能厅、影印中心、专用电脑室、收发室、会议室、健身中心、食品室、图书馆、档案室、装卸处和大堂等特殊空间的使用

会议室本身就是一个空间类别。许多公司表示他们总是缺少会议室。调查往往发现会议室短缺的原因是那些可以容纳8～10人或10人以上的较大会议室只是被4人使用。没有配备视听、信息技术、网络会议、电子白板等设备的会议室也可能没有得到充分的利用。这些信息在预测未来的会议需求时很有价值。

策划：初步的人员需求和特殊空间使用需求

分析了客户如何使用他们现有的空间之后，是对初步的人员需求和特殊空间使用需求进行预测。可用空间数将在效率和功能方面测试备选场地的适应性。基地建筑和内部系统所需的改进将用于计划预算和工期。搬到新办公场所或对现有办公场所进行重大改造都是探索新工作方式的机会。各种规模的公司都在探索更多协同性工作环境，影响到私人办公室的数量，产生工位间隔较小或无面板分隔的开放式工作站设计，较小的2～4人会议区，以及减少文件归档和存物空间。会议区的规划包含了各种技术设备，而且许多是开放式或半私人的空间，用玻璃墙或白板隔开。眼下的设计又回归到更开放的环境以促进协作，提高灵活度的趋势。许多公司甚至将其扩展到“适合所有人的工作场所”以及“并不是每个人都会自动拥有一个专用的工作场所”等概念 。

协助企业进行工作场所策划和规划的顾问人手并不短缺。房地产经纪人、业主代表、项目经理、家具制造商和经销商，当然还有建筑师，都可以提供从概念分析到设计概念实施的一系列服务。

许多人从空间利用的角度来实施工作场所策略，着重发掘节约空间而降低成本的方法。如果一个公司的愿望是节省房地产成本，需要的操作就很简单，包括减少私人办公室的数量和规模，以及通过引入长工作台和居家办公等其他办公概念来改变工作站的大小。在这些方案中，员工个人在主办公室都没有专属工位。

我一直支持“空间即资产”这一观点，但我也理解尽可能降低成本的重要性。在服务型企业中，员工成本占总支出的85%～92%，房地产成本通常排在第二位，约为6%。在一些企业中，技术成本正逐渐上升到仅次于员工成本的第二位。这进一步证明了我的观点，即空间应被视为一种资产。

其他工作场所策略则专注于通过创意策划和设计手段将合作最大化。这些策略更多地关注空间的利用率、占用率分析和流通模式的评价，以确定偶然相遇的最佳地点。许多人确信，有意义的偶遇最容易发生在某人的工位旁——不是咖啡厅，也不是大家以为的休息室。为了促进这种协作，工位应该可以容纳第二把椅子，以避免在视觉或者听觉上对他人造成干扰。

策划文档示例

下面的人员和空间预测表既可用于空间需求的初步规划，也可用于整理最终的公司空间需求，不同之处在于规划设计布局所需的部门工作流程的信息量不同。

表格的设计是在左侧输入人员数量和相应的面积标准，在右侧列出特殊用途以及相应的特殊用途空间。初步规划时使用单页表格，形成最终空间报告时采用每个部门一页的形式，在Excel中采用多页形式呈现。

进行5年或10年以上的员工需求预测难度很大。工作人员代表了公司的主要费用流，没有人能准确预测这项费用。当管理层先规划出业务和收入流时，员工人数才能更准确，然后再将业务增长转换成以职能或部门划分的人员增长。大多数公司已经为流水线和员工群体制定了人员/收入比率。建筑师可在表格和测试工作场所标准中使用这些数值，对空间需求进行规划。

初始的适应性测试与最终方案和设计理念应根据最多人员配置和最大特殊使用要求而定。如在入住几年之后想要配合额外增长，改变空间规划，不仅难度大，也会产生高昂的花费。情况如下表所示。

地点/建筑/场地比较清单

根据初步的空间预测、选址标准和质量指南，房地产经纪人将提供一些建筑选项供团队评估。随着团队对每个地点进行研究，备选方案的范围会逐渐缩小。

人员和空间预测表

页码	职位	人员数量：办公室类型	人员数量：现有	人员数量：2018年	人员数量：2023年	人员数量：2028年	面积标准	部门空间预测：2018年	部门空间预测：2023年	部门空间预测：2028年
2	首席执行官	A	1	1	1	1	400	400	400	400
3	行政助理	E	1	1	1	1	96	96	96	96
4	总裁	A	1	1	1	1	400	400	400	400
5	行政助理	E	1	1	1	1	96	96	96	96
6							0	0	0	0
7	首席财务官	B	1	1	1	1	240	240	240	240
8	行政助理	E	1	1	1	1	96	96	96	96
9	财务副总裁	C	1	1	1	1	180	180	180	180
10	财务总监	E		1	1	2	96	96	96	192
11	会计师	F	4	6	8	10	64	384	512	640
12							0	0	0	0
13	营销副总裁	C	1	1	1	1	180	180	180	180
14	行政助理	E	1	1	1	1	96	96	96	96
15	分析师	F	3	6	7	9	64	384	448	576
16	产品带头人	E	2	4	6	8	96	384	576	768
17							0	0	0	0
18	房地产副总裁	C	1	1	1	1	180	180	180	180
19	行政助理	E	1	1	1	1	96	96	96	96
20	租赁协调员	E	1	1	3	5	96	96	288	480
21	租赁管理	F	1	1	1	3	64	64	64	192
22							0	0	0	0
23	规划设计副总裁	C	1	1	1	1	180	180	180	180
24	高级项目经理	E	1	1	1	2	96	96	96	192
25	项目经理	F	1	2	3	5	64	128	192	320
26	设计师	F	1	3	5	7	64	192	320	448
27							0	0	0	0
28	IT副总裁	C	1	1	1	1	180	180	180	180
29	高级程序员	E	1	3	5	8	96	288	480	768
30	程序员	F	1	3	5	7	64	192	320	448
31	咨询顾问	I		1	1	3	252	252	252	756
32	接待员		1	1	1	1	0	0	0	0
33							0	0	0	0
	员工总数		30	46	60	83	小计	4976	6064	8200

特殊用途	数量：现有	数量：2018年	数量：2023年	数量：2028年	面积标准	特殊用途空间：2018年	特殊用途空间：2023年	特殊用途空间：2028年
董事会会议室（设置）	1	1	1	1	600	600	600	600
前室		1	1	1	200	200	200	200
私人卫生间		1	1	1	64	64	64	64
食品储藏室	1	1	1	1	100	100	100	100
						0	0	0
会议室（6～8）	1	3	3	3	225	675	675	675
会议室（10～12）	1	1	1	1	400	400	400	400
						0	0	0
餐厅	1	1	1	1	300	300	300	300
复印室	1	3	3	3	150	450	450	450
接收区		1	1	1	200	200	200	200
档案室/防火	1	1	1	1	150	150	150	150
图书馆		1	1	1	150	150	150	150
服务器机房	1	1	1	1	250	250	250	250
						0	0	0
卫星式储藏室	1	1	1	1	64	64	64	64
						0	0	0
						0	0	0
						0	0	0
						0	0	0
						0	0	0
						0	0	0
						0	0	0
						0	0	0
						0	0	0
						0	0	0
						0	0	0
						0	0	0
						0	0	0
						0	0	0
游客外套		0	0	0	0.66	0	0	0
员工外套		46	60	83	0.66	30	40	55
部门总数（特殊用途）						3633	3643	3658

项目	比例	2018年	2023年	2028年
特殊用途		3633	3643	3658
流通空间	40%	3444	3883	4743
总使用面积		12053	13589	16601
估算出租面积	25%	16071	18119	22135
人均可用面积		262	226	200

首选邻接关系：

制作一个“建筑比较清单”来记录每个建筑的特征很有必要。根据对客户来说最重要的那些因素，决定哪座建筑能够晋级。

下面就是一个很实用的建筑比较清单。

建筑比较清单

	项目地点:
	制表人:
	制表/更新日期:

		建筑1	建筑2
A	**建筑联系信息**		
1	联系人姓名		
2	设施位置		
3	地址		
4	城市/州/邮政编码		
5	办公室1楼电话号码		
6	办公室1楼传真号码		
7	备用电话号码		
8	大楼联系人		
B	**房屋租赁代理**		
1	公司联系人		
2	地址		
3	城市/州/邮政编码		
4	办公电话号码		
5	办公传真号码		
6	备用电话号码		
7	联系人		
C	**场地特点**		
1	周边环境质量		
2	场地的总体出入容易度		
3	主要机场		
4	火车站		
5	公交车站		
6	高速公路出入口		
7	装卸坞可用性		
8	停车位可用性(含周边区域)		
9	现场可用泊车位		
10	是否指定现场停车?		
11	是否有场外停车位?		

续表

		建筑1	建筑2
D	**建筑物理特性**		
1	建筑综合评价		
2	建筑年限(年)		
3	建筑施工类型		
4	楼板结构类型		
5	楼层活载容量		
6	外墙施工		
7	活动式窗户		
8	电梯轿厢数量(客梯)		
9	电梯轿厢数量(货梯)		
10	满足可访问性要求		
11	建筑基础设施评估		
12	暖通空调配电系统类型(基础建筑)		
13	是否允许补充暖通空调?		
14	下班后是否可开暖通空调?		
15	每层可出租面积可用功率?		
16	有可用的备用电源吗?		
17	可供使用的备用电源类型		
18	可供使用的发电机容量		
19	是否允许使用发电机?		
20	建筑物是否完全覆盖洒水装置?		
21	是否有自动火灾报警系统?		
22	是否有自动烟雾探测系统?		
23	是否有兼容的门禁系统?		
24	增长潜力		
25	楼层总数		
26	总建筑面积(GA)		
27	总建筑租用面积(TRA)		
28	总建筑使用面积(TUA)		
29	建筑面积效率系数(TUA/TRA)		
E	**房屋的特点**		
1	房屋与客户要求的一致性		
2	需要的楼层数		
3	拟使用哪些楼层?		
4	楼层是否连续?		
5	需要的总可用面积		
6	需要的总可出租面积		
7	客户占用建筑的总百分比		
8	面积计算标准		
9	现有空间状况		
10	租户需要的装修程度		
F	**租赁条件**		
1	租赁条款与客户要求的一致性		
2	开始日期		
3	结束日期		
4	能否满足入住日期?		
5	期限(月数)		
6	租约类型(净/总)		
7	续租选项		
8	扩建选项		
9	初始租金(美元/可出租面积)		
10	免租期(月数)		
11	津贴/可出租面积		
12	使用率/可出租面积		
13	需要的修复		

面积分析

建筑师经常需要对空间进行测量，以便对建筑业主的空间描述进行确认。如果业主使用建筑和业主管理协会（BOMA）的方法进行计算，建筑师就很容易验证建筑物或空间的可用性和可出租性。

测量建筑物的面积有几种方法。使用BOMA的测量概念，可出租面积（RSF）等于总建筑面积减去地面上所有孔洞的面积，如垂直贯穿空间、楼梯竖井、电梯竖井、大型机械井、双层空间的上部等。使用BOMA计算方法，可出租总面积永远小于总建筑面积。20世纪80年代，纽约等大城市的业主开始使用一种名为REBNY的新测量方法，这种方法以其发起机构——纽约房地产委员会（Real Estate Board of New York）命名。当使用这种方法计算面积时，建筑师无法验证业主提供的可出租面积数据，因为REBNY不是一种确定的度量方法。这种方法允许每个业主用自己的自由裁量的“市场损失值”来计算可用面积（USF）。REBNY中的可用面积也不同于BOMA中的可用面积，这就再次增加了数值比较的难度。

使用REBNY测量方法，可出租总面积总是大于总建筑面积。对于那些自称根据REBNY进行“测量”的业主来说，建筑师比较建筑效率的唯一方法是计算和比较每座建筑的可用（地毯）面积。

注意，在下页列表中，采用REBNY方法测量的可出租总面积比采用BOMA方法测量的可出租总面积大。因此，很容易发现房主和业主更喜欢REBNY的测量方法。

与了解这两种测量方法的细节相比，更重要的是知道，对两个及以上建筑的空间面积展开比较**只能**通过测量租户可用（地毯）面积占可出租面积的百分比来进行。

下页的表比较了同一建筑的两种测量方法。

BOMA面积测量方法

A	B	C	D	E	F	G	H	I	J	K	L	M	N	O	P
		总面积	核心扣除[1]	分摊共有建筑面积	每层净可出租面积	净可出租面积占总面积的百分比	每层的分摊建筑面积	每层可出租总面积	楼层公共面积扣除[2]	每层可用总面积	建筑面积损失因素扣除[3]	租户名称	可用面积/租户	可出租面积/租户	可出租面积占总面积百分比
	楼层	测量面积	测量面积	测量面积	C-(D+E)	F/ C	G × E	F + H	测量面积	F - J	1 - (K / I)		计算面积	计算面积	可出租总面积的百分比
1	地下室	4900	443	399	4058	20.47	99	4157		4058	2.38%		4058	4157	20.47
2	一楼	5100	631	85	4384	22.12	107	4491		4384	2.38%		4384	4491	22.12
3	二楼	7575	525		7050	35.57	172	7222	575	6475	10.35%		6475	7222	35.57
4	三楼	4209	180		4029	20.33	98	4127	135	3894	5.65%		3894	4127	20.33
5	阁楼	300			300	1.51	7	307		300	2.38%		300	307	1.51
6															
	合计:	**22084**	**1779**	**484**	**19821**	**100.00**	**483**	**20304**	**710**	**19111**	**23.14%**	合计:	**19111**	**20304**	**100.00**

注:
1. 核心扣除：电梯和楼梯竖井以及管道竖井、中庭或两倍挑高等垂直贯穿空间。
2. 楼层公共面积扣除：厕所、电梯门厅、电话/电路间和门卫室等剩余核心区域。
3. 按每层单一租户进行的计算。

REBNY面积测量方法

A	B	C	D	E	F	G	H	I	J	K	L	M	N	O	P
		总面积	垂直竖井[1]						每层可用总面积	REBNY 损失系数 25%	每层可出租面积	租户名称	可用面积/租户	可出租面积/租户	可出租面积占总建筑面积的百分比
	楼层	测量面积	测量面积						C-(D+E)	F - J	1 - (K / I)		计算面积	计算面积	可出租总面积的百分比
1	地下室	4900	443						4457	5411	5411		4457	5411	110.42
2	一楼	5100	631						4469	5845	5845		4469	5845	114.61
3	二楼	7575	525						7050	9400	9400		7050	9400	124.09
4	三楼	4209	180						4029	5372	5372		4029	5372	127.63
5	阁楼	300	180						120	160	160		120	160	53.33
6															
	合计:	**22084**	**1959**						**20125**	**26188**	**26188**	合计:	**20125**	**26188**	118.58

注:
1. 垂直竖井：电梯、楼梯竖井以及管道竖井、中庭或两倍挑高等垂直贯穿空间。

适应性测试

建筑项目或室内项目需要进行适应性测试确定该建筑或空间是否能满足特定的客户需求。这些概念图通常是快速完成的，然而，它们需要包含足够多的细节，这样如果某个建筑被选中，它会真正适合客户。正如我会在接下来指出，即使测试结果良好的，也需要评估预算和进度，以确保要求范围的费用不会超过预算，并且/或者工程能够按进度实现。

制定可实现的进度

完成每个建筑项目所需的时间取决于现有空间的状态、提议的范围、所需的许可，以及客户与团队一起评估方案的可行性。建筑师应为每个建筑制定单独的进度规划。整体进度可能是选择建筑的决定因素之一。与策划类似，制定进度应该分两步进行。第一步是一个非常简单的进度规则，确定主要任务的持续时间。第二步更详细的进度是在选定建筑后制定的。制定详细的进度表时，最好能用几种方式对数据进行排序，以便制定出：

· 一份按进度顺序列出所有顾问任务的进度表
· 按照需要客户配合的顺序列出一份客户任务的进度表

建议

为了取悦客户而制定的进度表，让他们以为可以在一个不切实际的日期搬入或安排搬迁，总是会带来麻烦。最常见的失误是没有给以下事务分配足够的时间：

· 寻找房产，协商交易，完成购买或租赁文件
· 对每一个选择进行足够详细的测试，确保制定的初步预算和进度是合适的
· 使业主有足够时间完成他们的工作（在一些情况下适用）
· 让客户有足够的时间来评估、修改各个简报
· 将计划提交给地方和政府机构进行评估和批准

简单进度表——建筑1

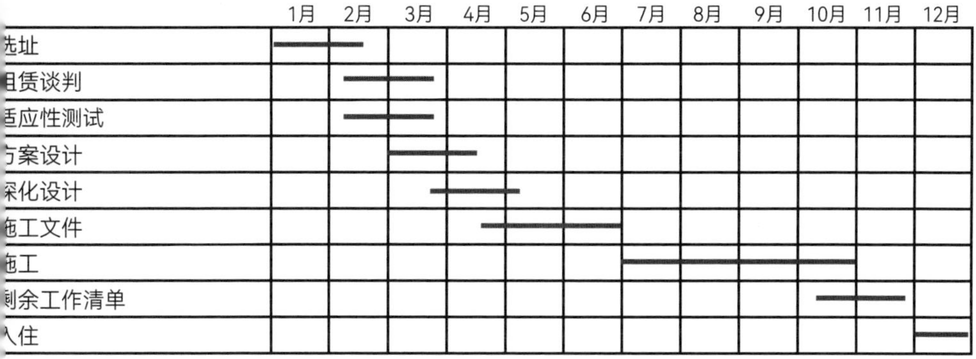

	1月	2月	3月	4月	5月	6月	7月	8月	9月	10月	11月	12月
选址												
租赁谈判												
适应性测试												
方案设计												
深化设计												
施工文件												
施工												
剩余工作清单												
入住												

简单进度表——建筑2

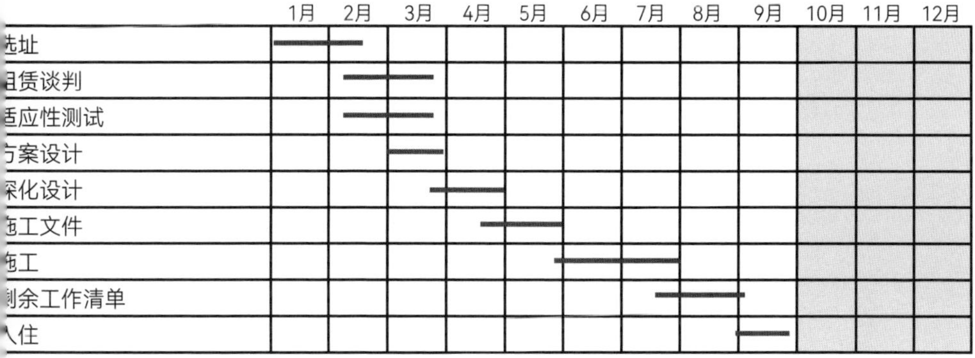

	1月	2月	3月	4月	5月	6月	7月	8月	9月	10月	11月	12月
选址												
租赁谈判												
适应性测试												
方案设计												
深化设计												
施工文件												
施工												
剩余工作清单												
入住												

简单进度表——建筑3

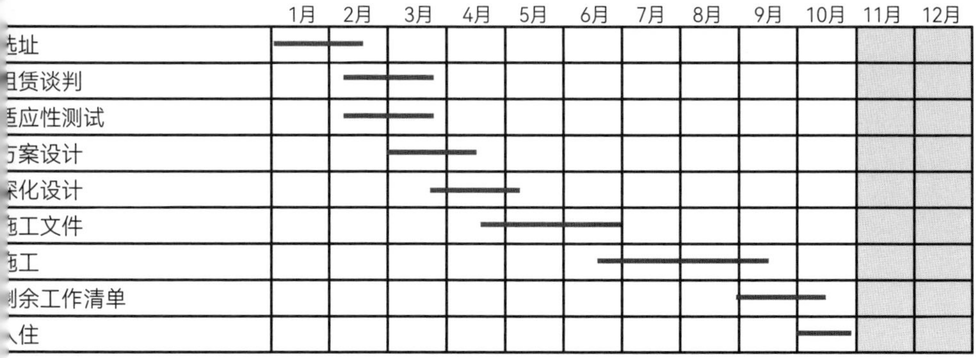

	1月	2月	3月	4月	5月	6月	7月	8月	9月	10月	11月	12月
选址												
租赁谈判												
适应性测试												
方案设计												
深化设计												
施工文件												
施工												
剩余工作清单												
入住												

：搬入建筑2能让租户最快实现入住。

制定适当的预算

与前面类似，每一个备选方案的费用预算也可以是选择建筑物时的一个决定性因素。我们用于测试地点的项目初步预算表与适用于所有阶段的项目详细预算表是相同的。它包含了表格左侧的所有成本，包括演示工作、超出标准津贴的基地建设工作、租户范围的全部工作、房东的贡献，以及家具、视听设备、信息技术设备、搬迁、安保、标识等。

一件很重要的事是在各个阶段全程使用相同的表格，这样客户就会习惯看到"项目总预算"这样的字眼。即便团队可能不负责预算，即便各个部门的数据库各自对预算数据进行跟踪，能够将信息呈现在一张表格上也具有其积极意义。

在项目早期阶段最难以确定的4种预算类别是：

- 安保
- 信息技术设备、电源和发电机
- 视听设备
- 家具

随着和设计细节的增加，每项数额也会发生变化，但至少每个利益相关者都需要对自己的工作负责。如果你希望客户满意，希望公司得到回头客的青睐，必须遵守客户批准的"公司拨款请求（AR）"。下面第一个预算表展示了如何对3个正在考虑的建筑的初步预算进行跟踪。第二个预算表(注意左侧的类别是相同的)显示了如何添加竖列以包含方案设计(SD)预算、深化设计(DD)预算和最终预算，这是客户在整个项目中审查的重要的表格之一。应要求所有承包商和顾问以这种格式展示他们的相关数值。

在对3栋建筑的初步预算比较之后，是内容更详细的表格——在同一个表格上显示预租预算、方案设计预算、深化设计预算、批准预算和最终预算。两者包含的费用信息的类别相同。

项目初步预算表

	费用类别	描述	建筑 A	建筑 B	建筑 C
A	**基础室内装修**				
1	拆除				
2	粗木工				
3	干墙				
4	天花板				
5	木制品				
6	玻璃/镜子				
7	中空金属				
8	门、框架、五金				
9	暖通空调				
10	管道				
11	喷水灭火系统				
12	照明				
13	电子/火灾报警器				
14	地面				
15	墙面				
16	特殊设备				
17	信息技术网络和线缆管理				
B	**超标准项目**				
1	楼梯				
2	健身中心/卫生间/更衣室				
3	自助餐厅等				
4	地板加固				
5	计算机房				
C	**基础建筑升级**				
1	卫生间				
2	主厅及停车场大堂				
3	电梯				
		施工费用小计	**$0**	**$0**	**$0**
		施工费用小计	$0	$0	$0
		施工应急费用	$0	$0	$0
		通用条款	$0	$0	$0
		施工经理费用	$0	$0	$0
		保险费用	$0	$0	$0
		施工经理服务的销售税	$0	$0	$0
		建筑许可	$0	$0	$0
		施工经理相关费用小计	$0.00	$0.00	$0.00
		预计施工费用	$0.00	$0.00	$0.00
		减去房东贡献价值			
		净(扣除后)施工费用	**$0.00**	**$0.00**	**$0.00**
D	**顾问费用**				
1	建筑师/室内设计				
2	业主代表/项目经理				
3	电气工程师				
4	结构工程师				
5	照明顾问				
6	声学顾问				
7	视听设备顾问				
8	信息技术顾问				
9	餐厅/厨房顾问				
10	健身中心顾问				
11	艺术顾问				
12	安保顾问				
13	搬家公司/搬运顾问				
		小计	$0	$0	$0
		应急费用	$0	$0	$0
		总费用	**$0**	**$0**	**$0**
E	**电话/数据和安保费用**				
1	电话设备				
2	计算机设备				
3	信息技术网络和线缆管理				
4	网络打印机				
5	电缆				
6	安保系统				
		小计	$0	$0	$0
		电话/数据应急费用	$0	$0	$0
		电话、数据、安保总费用	**$0**	**$0**	**$0**
F	**家具、装备、搬迁**				
1	新办公室家具				
2	新工作站				
3	杂项家具				
4	返工家具				
5	视听设备				
6	标识（津贴）				
7	艺术品（津贴）				
8	配件和植物				
9	搬迁				
		小计	$0	$0	$0
		家具和设备、搬迁应急费用	$0.00	$0.00	$0.00
		家具设备搬运合计	**$0**	**$0**	**$0**
		项目应急费用	$0	$0	$0
		总预算高于租户津贴	**$0**	**$0**	**$0**

项目详细预算表

	费用类别	描述	预租预算	方案设计预算				深化设计预算				批准预算		最终预算	
				数量	单位费用	预计总费用	预计费用/可出租面积	数量	单位费用	预计总费用	预计费用/可出租面积	施工经理投标	费用/可出租面积	最终费用	费用/可出租面积
A	**基础室内装修**														
1	拆除														
2	粗木工														
3	干墙														
4	天花板														
5	木制品														
6	玻璃/镜子														
7	中空金属														
8	门、框架、五金														
9	暖通空调														
10	管道														
11	喷水灭火系统														
12	照明														
13	电子/火灾报警器														
14	地面														
15	墙面														
16	特殊设备														
17	信息技术网络和线缆管理														
B	**超标准项目**														
1	楼梯														
2	健身中心/卫生间/更衣室														
3	自助餐厅等														
4	地板加固														
5	计算机房														
C	**基础建筑升级**														
1	卫生间														
2	主厅及停车场大堂														
3	电梯														
	施工费用小计		$0			$0				$0		$0		$0	
	施工应急费用		$0		$0.05										
	通用条款		$0		$0.08										
	施工经理费用		$0		$0.04										
	保险费用		$0		$0.01										
	施工经理服务的销售税		$0		$0.06										
	建筑许可		$0		$0.01										
	施工经理相关费用小计		$0.00												
	预计施工费用		$0.00												
	减去房东贡献价值														
	净(扣除后)施工费用		$0			$0				$0				$0	
D	**顾问费用**														
1	建筑师/室内设计														
2	业主代表/项目经理														
3	电气工程师														
4	结构工程师														
5	照明顾问														
6	声学顾问														
7	视听设备顾问														
8	信息技术顾问														
9	餐厅/厨房顾问														
10	健身中心顾问														
11	艺术顾问														
12	安保顾问														
13	搬家公司/搬运顾问														
	小计		$0			$0				$0				$0	
	应急费用														
	总费用		$0			$0				$0				$0	
E	**电话/数据和安保费用**														
1	电话设备														
2	计算机设备														
3	信息技术网络和线缆管理														
4	网络打印机														
5	电缆														
6	安保系统														
	小计		$0			$0				$0				$0	
	电话/数据应急费用														
	电话、数据、安保总费用		$0			$0				$0				$0	
F	**家具、装备、搬迁**														
1	新办公室家具														
2	新工作站														
3	杂项家具														
4	返工家具														
5	视听设备														
6	标识（津贴）														
7	艺术品（津贴）														
8	配件和植物														
9	搬迁														
	小计		$0			$0				$0				$0	
	家具和设备、搬迁应急费用														
	家具设备搬运合计		$0			$0				$0				$0	
	总预算高于租户津贴		$0			$0				$0				$0	

审核房屋租赁和购买文件

对于建筑师来说，阅读所有租赁合同，对其特点加以评论曾经是很常见的工作内容。这项服务目前由客户律师在项目经理(PM)或业主代表的协助下完成。尽管它通常不属于建筑师的工作和收费内容，但我仍建议建筑师重新检查房屋租赁/购买协议中关于以下事项的所有日期：

- 客户提交计划的时间
- 客户工作的描述和时间安排
- 客户审核计划的时间安排
- 租赁起始日期
- 承包商的选择和批准过程
- 建筑物相关法规

故事板演示

选中建筑并完成了初始步骤之后，正是准备故事板演示、筹划后期工作的最佳时机。故事板演示的作用是勾画出各个步骤的顺序，并确定每个步骤中的重点，包括：

- 当你希望其他顾问有空的时间
- 规划概念中进行主要决定/展示的时间
- 涉及家具、信息技术设备、视听设备、安保的工作
- 更新预算和进度的工作
- 客户进行的审查和批准

你需要列出方案设计和深化设计中的详细内容，并制定一个可靠的计划，在所有的或者主要的规划和设计决策制定完成之前**不要**交出深化设计。故事板演示是一种旨在减少或消除返工的内部操作。(如你所知，在建筑行业里，返工意味着重做之前已经准备好并给客户展示过的工作。)在这一过程中，返工发生的节点很容易识别。然而，这些节点或情况通常是很难避免的，因为大多数人都想推进得快点，跳过一些步骤。

启动规划时如果没有制定明确的程序，没有明确的预算，特别是没有详细的进度表时，返工的情况就会发生。

除了机电水暖团队，信息技术、视听、安保、照明和声学等重要顾问必须在项目初始时期参与进来，这样可以对早期的概念规划发表看法。此外，客户可能会聘请品牌、艺术咨询、装饰、归档/存储、食品服务或健身领域的专家或顾问。如果已经做出的决定，又要重新考虑时，就会发生返工。返工会严重影响各方的进度和预算。

第一阶段应该以一份总结报告结束，描述团队工作的过程，以及对选定的某个房产进行租赁、购买开展新工程，购买后进行翻新或使用起决定作用的事件。总结报告应包括客户对初步预算和进度表的批准，以及在构想过程中收集到的图片和范围的一般指导方针。

初始阶段完成后，重新评估范围和合同

这不是一个典型的工作阶段，但它的重要性不容忽视。通常，选定的建筑、场地或空间与最初的提议会有很大的不同。也许考虑到市场条件，客户决定购买而不是租赁，或者租下的空间比最初需要的多，再转租一段时间。这是一个重看合同，检查是否需要做出任何调整的绝佳机会。

方案设计

策划详情：哲学、文化和工作流程

确定客户需求的第二阶段发生在建筑已经被选定和测试，租赁/购买文件定稿之后。这一阶段的作用是了解公司的理念、期望的工程质量、工作流程、部门之间的邻接关系、工作场所的标准，以及是否遵循员工的职位等级。

建筑师将会议室、复印室、储藏室、技术室和食品服务室等所有特殊区域记录在案，以便准备展示规划概念、立面和剖面的图纸。

这些初步规划很可能会配有手绘草图或3D线框图，以获得客户在工作流程、部门邻接和特殊体验方面的批准。

57页表格是用来规划美国运通公司在纽约世界金融中心的新总部的。现在它仍是我们用来规划公司人员和空间需求的重要示范工具。无论是过去还是现在，规划过程都分两步进行：第一，与各部门总裁一起规划未来5年各项业务的增长；第二，将业务增长换算为人员需求。空间需求很容易根据已批准的标准进行规划，然后根据建筑使用人数来确定特殊区域的大小。

在表格的左侧输入职位信息，对应的特殊用途空间信息则在右侧输入。规划完成后，该部门的代表将持续更新资料，以供日后参考和重新规划时使用。以下是一些例子。

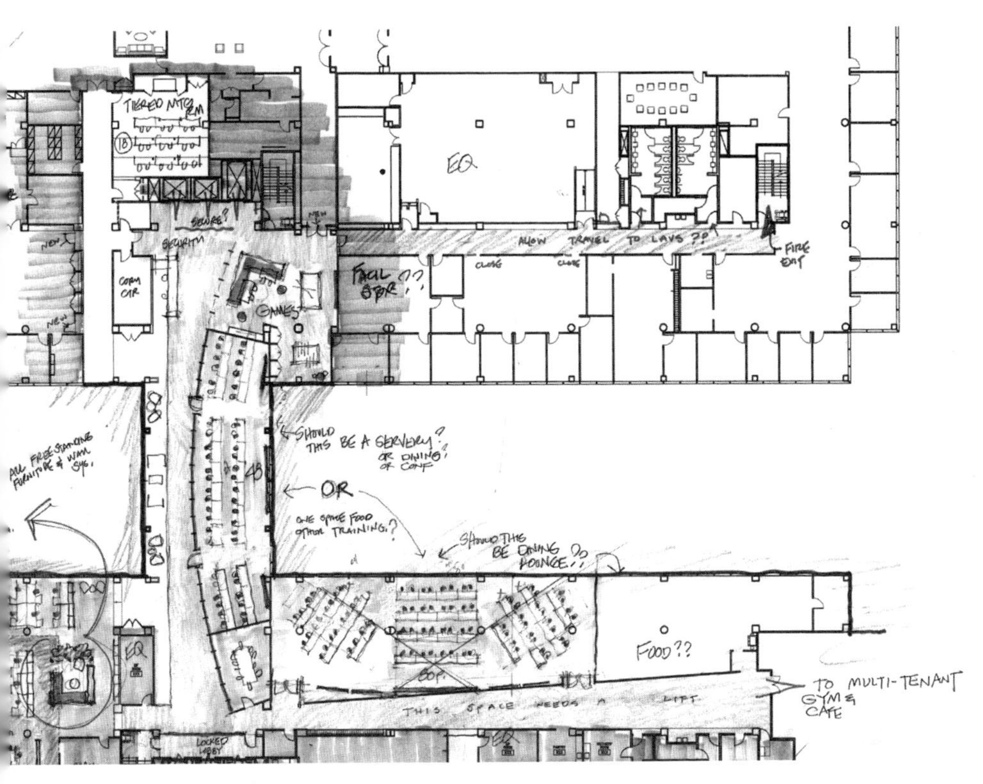

手绘适应性测试图样

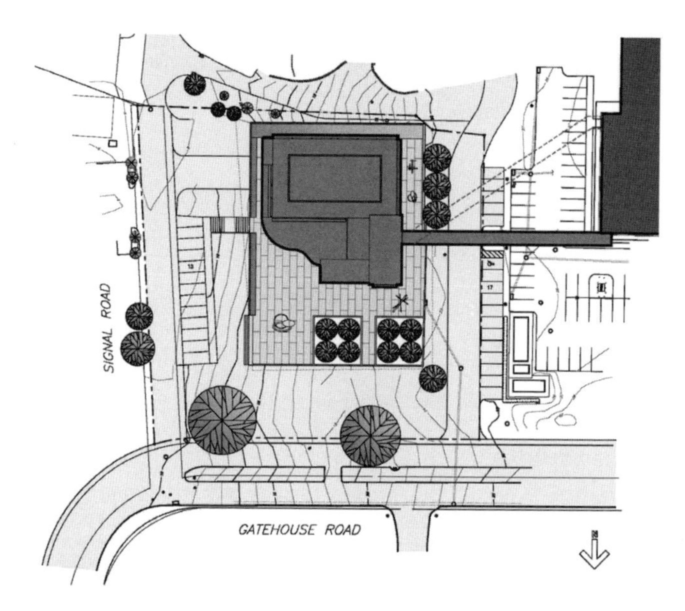

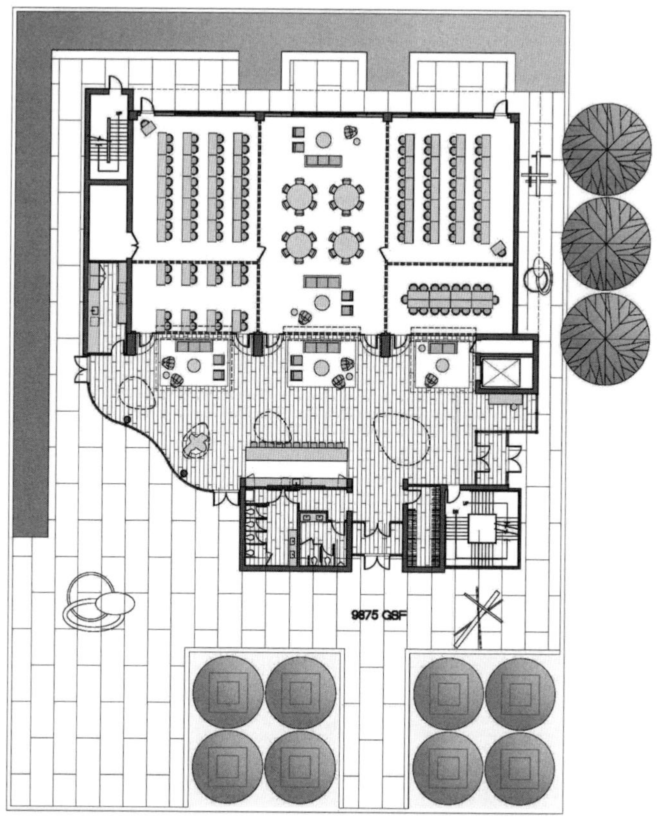

1st Floor

一栋新建筑的方案设计展示图样

一栋新建筑的SketchUp演示图样

深化设计：展开已获批准的概念

在这个阶段，建筑师对建筑的细节、材料、颜色、形象、家具、照明概念和品牌理念等提出建议。

家具

许多客户在项目启动时还没有决定如何处理他们的家具需求。这里可能出现的情况有很多种。下面概述的是尽可能全面的范围。

如果客户决定为项目购买新家具，这个过程是非常详细的。工作过程要按方案设计、深化设计和施工图设计的建筑设计阶段进行。

方案设计阶段：

· 借助构想文件了解客户的工作场所策略、期望的形象、预算考虑、灵活性需求和工作方式
· 借助概念平面图，了解窗口和周长柱间距、柱间间距，以及从窗口到中心的空间深度
· 推荐适合公司员工等级的办公室和工作场所标准
· 为会议室/培训室、非正式工作区、长凳休息区、酒店办公区、自助餐厅或小组讨论室等辅助空间推荐辅助家具
· 选择一个家具档次，并根据初步规划所需的数量做一个初步预算。
· 与建筑概念图一同提交所提议的标准和预算

深化设计阶段：

· 提供特定家具制造商建议，使之与建筑设计细节、材料选择和形象匹配
· 提供饰面和材料选择以供评估
· 如果客户与某个制造商签订了预订合同或国内承包合同，建筑师应获取相关工作范围的净价/到货价/安装价格。在可以重新评估预算选择时，制造商可能会给出不同的价位或风格
· 如果没有与客户签订国内承包合同，建议预先选择3个制造商来评估你的标准和规划，并准备预算估价，列出费用清单/折扣/净成本/运费和安装费
· 将提出的标准和预算与建筑的深化设计图一同展示
· 客户选择标准和制造商，并决定成本

施工图设计阶段：

· 建筑师与选定的制造商/当地经销商协调产品细节和规格，审查家具图终稿，图中应显示地面或墙面的电源要求，与电气平面图中信息一致
· 建筑师审核订单中的材料选择和规格，以及当地经销商负责的零件清单

施工中的家具阶段(可以在空间内进行安装时):

- 建筑师检查安装情况,为经销商检查任何产品的丢失或损坏情况
准备剩余工作清单,并签字付款
- 建筑师向客户交付保修信息

显然,建筑师提供的家具服务还需要根据不同的情况加以调整。家具设计与制造的工作过程非常细致,需要花费时间与建筑工程进行充分的协调。家具制造商在设计图终稿的准备中使用智能符号,能够进行精确的预算和精准的安装。建筑师应该将这些正确的符号体现在图纸终稿上,以测试间隙和数量。

机电水暖及消防(机电水暖)

选择场地和建筑之前,就选定机电水暖团队并让其就位非常重要。机电水暖成本通常占建筑成本的一半以上,因此,对于了解和比较每一个正在评估的建筑都非常关键。

最合适的方法是向一些公司发出一份初始阶段工作的提案申请。在评估建筑或场地时,被选中的公司将与建筑师一起参与预租赁/预购买阶段的工作。只有选定建筑/场地后,才可确定机电水暖的工程范围。届时,建筑师可以与参与的公司协商费用,以完成方案设计、深化设计、施工图设计和施工评估阶段的工作,或者可以向一些公司提交新的提案申请,进行竞标。

方案设计阶段:

- 了解基础建筑的机电水暖系统
- 如果需要,提供机械升级建议,以满足客户需求
- 准备机械单线图,显示设备位置和管道运行情况
- 评估建筑物的供电和容量——主电气出口室和各楼层的供电情况
- 确定是否需要发电机;如果需要,对发电机地点及燃料箱位置提出建议
- 评估管道和卫生间的状况

- 评估消防系统、楼层控制和分配情况
- 与建筑师协调准备机电水暖及消防预算

深化设计阶段：

- 审查已批准的建筑设计方案
- 完成建筑平面图的单线概念图
- 为每笔交易的价格升级制作大纲参数
- 与建筑师一起更新机电水暖及消防预算

施工图设计阶段：

- 审核建筑背景图
- 为每个学科制作施工图
- 与建筑师和其他顾问协调施工图设计
- 准备最终参数
- 对系统进行建筑规范的最终检查

施工评估阶段：

- 参加每周项目会议
- 检查工作进度和完成情况
- 制作系统剩余工作清单
- 制作并提交竣工图
- 制定验收进度和委任书

建筑规范的最终检查

建筑规范的最终检查应在深化设计被批准之后，施工图设计开始之前进行。下页你可以看到一个按每个类别进行跟踪的详细项目列表。

每个项目审查的主要工作类别

- 步道表层
- 门和门廊
- 坡道
- 轮椅坡道
- 电梯
- 停车位
- 乘降区
- 楼梯
- 扶手
- 自动饮水器
- 厕所和浴室
- 抽水马桶
- 厕所隔间
- 可移动隔间
- 小便池、马桶和水槽

施工图制作的交接

大多数项目经理在流程和进度上遇到的问题总是相同的，特别是在有重大交接的情况下。例如，从深化设计到施工图设计的交接非常困难，因为它通常涉及多家公司。第一次交接是从内部人员到生产人员。在背景图完成后，会进行从建筑公司到结构工程、机电水暖及消防团队的交接。随着设计图上的细节得到进一步补充，其他工作也会移交给咨询公司。从许多角度来看，底图的精度都是至关重要的。如果必须制作新的底图，结构工程、机电水暖及消防团队可能都不得不重做之前完成的工作，并**可能**提出额外的费用要求。建筑师永远不可能回到客户那里去申领工程变更通知单，如果出现变更是建筑师的错，情况更是如此。也许与工程效率和工程成本的损失相比，更具有挑战性的是进行变更时产生的时间损失。

无论发生在哪个阶段，交接都是一件严肃的事情。对于公司来说，理解并记录内部交接和外部交接间的不同需求是很重要的。当内部交接时，交付信息的团队成员需要对交接的内容有清楚的认识。接收信息的小组则负责让对方知道他们希望接收到怎样的信息，这样就不会在范围和时间上产生误解。

施工图设计故事板

花几分钟时间制作一个故事板，列出每幅施工图上需要展示的有难度的“必做”内容，是一项重要的工作。话虽如此，还是有一些适用于所有项目的规则：

1.施工图设计阶段开始之前，应该有一个从深化设计到施工图设计的小组审查环节。建筑公司应该坚持在施工图设计阶段开始之前，就做好材料、饰面和细节方面的决定。在进度表中设定时间节点，为成功交接做准备。

2.施工图设计过程应该从一个确定施工图设计所有特殊需求的故事板开始，例如：

- 工程师需要什么（这样你就不必向他们发送更新的背景图）
- 尺寸标注方法
- 所需细节清单
- 清楚地将长周期项目标记出来
- 使用SketchUp/Revit软件功能详细描述细节
- 在深化设计的设计图上手绘标记材料裂缝
- 已批准的家具设计图
- 标准电话/电力设计图，包括办公室及工作站插座的标准尺寸
- 天花板裂缝和细节的视觉效果
- 可选玻璃门与细节
- 将其他人完成的工作显示在设计图中，并标记为NIC（契约外）
- 列出不需要绘制的内容

在发出施工图之前进行检查是避免施工期间产生额外费用的最好方法。

施工文件

当项目进入文档阶段时，由于客户的参与度下降，项目的基调会发生变化。施工图制作团队只能依靠自身，在努力按照进度推进的同时，制作出一套好的施工图，这通常很有难度。我们假设在为客户做深化设计图展示之前，已对涉及的所有建筑产品和材料规格的可用性都进行过核实。

如果从最初的深化设计演示到施工图完成的时间有几个月，那么可能需要对那些必须使用产品的可用性进行再次确认。我建议使用一个与下页表类似的长期项目清单，来跟踪各专业的指定产品。即使没有必要再次确认，也建议在签署总承包合同或工程管理合同之前填写清单。

承包商在项目开始几周后回到客户那里，说指定的灯具、墙纸或地毯不可用，需要进行替换一定是你不希望发生的情况。

承包商应在投标阶段检查产品的可用性，并为所有长周期项目编制采购订单，以便在获得合同后执行。

施工阶段：招标

大多数客户希望或要求对每个工程项目进行招标。如果选择的是有重复业务的承包商，那么通常是预先确定的，除非他们在之前的项目中表现不佳。对于需要准备承包商名单的那一小部分项目，建筑师、客户和项目经理/业主代表中任何一方都可以就推荐名单提出建议。在所有的投标中保持一个公平的环境是很重要的。

我们都有自己喜欢的合作伙伴，想让他们出现在这个推荐名单上也情有可原，这其中就包括：

- 帮助我们制定了前期费用的公司
- 帮助我们制定了其他项目的工程费用，但没有被选中的公司
- 项目可能出现了潜在的额外费用，对其进行了恰当处理的承包商
- “支持我们”，弥补我们的失误或疏漏，维护了我们形象的承包商
- 为我们建造的类似项目获得了巨大成功的公司
- 客户对之前合作中所做的工作很满意的公司
- 为我们推荐工作的公司

如果过程不透明，投标可能会变得很棘手。如果对投标人的指示不明确，允许每个承包商按自己的方式投标，就很难使标书具有针对性。

长期项目清单

	工程项目	厂商型号	项目说明	分包商或供应商	联系电话	从下订单开始的预期交货时间	日期要求	交货日期	状态
A.	**金属材料**								
1	空心金属门	某型号金属	焊接某型框架	某安装公司	(914) 555-5555	8周	1月1日	6月1日	准时
2	中空金属框架								
3	钢结构								
4	混杂金属材料								
B.	**木工**								
5	建筑木制品								
6	建筑木柜体								
7	实心木门								
8	特殊门								
9	装饰五金								
C.	**内部饰面**								
10	干墙特殊设备								
11	吸声天花板								
12	天花板特殊设备								
13	玻璃								
14	吸声处理								
15	瓷砖								
16	弹性地面(VCT)								
17	弹性底层								
18	石材地面								
19	木地板								
20	地毯								
21	墙面装饰								
22	特殊墙饰面								
23	窗口处理								
D.	**建筑特殊设备**								
24	卫生间配件								
25	厨房电器								
26	白板								
27	投影屏幕								
28	视听设备								
29	可移动分区								
30	标识								
31	灭火器								
32	活动地板								
E.	**机械**								
33	空气处理器								
34	电容器部件								
35	封装部件								
36	仪器/控制装置								
37	恒温器								
38	排气风扇								
39	排气罩								
40	特殊管道系统								
41	线性扩散器								
F.	**管道**								
42	固定装置								
43	热水器								
44	自动喷水灭火设备								
45	仪器/控制器								
46	预作用控制器								
G.	**电气**								
47	灯具								
48	电灯开关								
49	调光开关								
50	调光系统								
51	出口灯								
52	应急照明灯								
53	火灾报警设备								
54	火灾报警控制面板								
H.	**其他**								
55	出入控制系统								
56	出入控制设备								
57	安全监控								

以下是投标人需要回答的一些棘手问题:

- 你们的通用条款包括哪些内容?
- 如何在不同项目之间分摊你们公司的保险费用?
- 你要求分包商在他们的普通的通用条款中包括哪些费用?例如材料清洁、保护和搬入前的最终清洁?
- 你是否愿意提供“开卷”服务——方便客户查看分包商收费情况和你实际支付的费用?如何处理购入价和最终成本?
- 如果你以低于标书出价的价格购得一种材料,你会将差额返还客户吗?
- 你认为我们的图纸中有哪些遗漏会产生额外费用?我们需要在哪些部分提供更多的细节?
- 你们如何处理长周期项目的评估和早期订购,以避免替代品的出现?

标书格式

投标回复格式应包括在所有的投标文件中,这样投标人得以用类似的方式对提案申请做出回复,便于数字的比较和调整。下页是一份总承包合同/工程管理合同问卷例表。

剩余工作清单

大多数工程合同都有一项条款,要求承包商在收到最终付款前必须证明“实质性完工”。

美国建筑师协会将“实质性完工”定义为“当工程或其指定部分已按照合同文件充分完成,业主可以按照预期用途对工程进行占用或使用”。在工程合同中,“实质性完工”是一个重要但经常被忽视的条款。它之所以意义重大,是因为在工程合同中,它也经常被当作一些重要事件的触发因素。此类事件包括:

- 应承包商要求开始执行工程合同中的某些时效期限时
- 某些保修期开始时

总承包合同/工程管理合同问卷

	类别	首选答案	候选人A		候选人B	
1	**公司信息**					
a	公司类型	全套服务施工经理				
b	公司成立时间	10~15年				
c	办公室位置	到场地路程<15分钟				
d	员工人数	>20名专业人员				
e	主要工作类型	基础建筑/室内工程				
f	主要项目大小	>4645平方米				
g	主理人将在何种程度上参与这个项目？（无、极小、定期、极大）	定期				
h	团队的推荐工作人员平均人数	4				
i	项目范围内的工作量（小、一般、重）	一般				
j	在目前的工作量下合理处理项目的能力(容易，中等，困难)	容易				
k	与其他设计公司合作的经验	定期				
2	**具体项目信息**					
a	是否有与推荐业主/开发商的合作经验？	是				
b	是否熟悉项目工作文件和业主工程标准？	是				
c	是否有与建筑师的合作经验？	是				
d	是否有与远程客户的联络经验？	是				
e	是否有立即启动施工前服务的能力？	是				
f	与项目关键联系人合作的能力	合适				
g	项目关键联系人的工作量	小				
h	采访中展示的创新能力（如适用）	有吸引力				
i	是否有高层办公建筑的工作经验？位置在……	是				
j	处理进度和范围变化的灵活度	灵活				
k	是否有建设数据中心的经验？	是				
l	是否有能力获得所需金额的履约保证金？	是				
m	有无完结的、等待裁决的或进行中的法律纠纷？	无				
3	**费用——租户装修工作**					
a	通用条款（报销）——不超过工作的占比（%）	6.00%				
b	施工经理服务费——占包括通用条款在内的工作固定比率（%）	3.00%				
c	费用小计（以上的3*a*+3*b*）的总加成百分比	**9.18%**				
d	获得履约保证金的费用					
4	**费用——范围变更**					
a	通用条款（报销）——不超过工作占比（%）	6.00%				
b	施工经理服务费——占包括通用条款在内的工作固定比率（%）	2.00%				
c	费用小计（以上的3*a*+3*b*）的总加成百分比	**8.12%**				
5	**费用——所有类别的平均加成**					
a	以项目完成日期为准的费用	**8.65%**				
b	团队成员的平均时薪（美元）	80.00美元				
c	如果项目终止，建议的补偿金额？	时间和材料				
6	**提案申请回复**					
a	是否包含公司描述?是否包含相关推荐信？	是				
b	推荐信的内容是否成立？	是				
c	基本费用是否包括全部服务范围？	是				
d	是否有任何基本服务被排除或附加？（提供列表）	否				
e	是否对保险凭证有限制？	是				
f	费用提案的分类是否合理？	是				
g	是否解决了附加服务？	是				
h	是否收到计时工资？	是				
i	提案是否及时收到？	是				
j	建议书收到的格式是否符合要求？	是				
k	是否讨论了团队处理这个项目的方法？	是				
l	是否提供了推荐团队成员的简历？	是				
m	提案是否经过组织和深思熟虑？	是				
n	是否提供了类似项目的例子？	是				
	总得分			**0**		**0**

· 业主接管项目的设施和保险等内容时

· 从承包商的角度出发，最重要的内容可能是，当承包商有权获得合同余额时，将保留较少的保留金，直至最后完工

为了要求“实质性完工”，承包商需要向建筑师提交一份清单，称为剩余工作清单，说明他/她认为还有哪些事项需要完成。“可用于业主预期用途”的定义通常是争论的焦点。然后，在征得客户同意后，由建筑师、工程师和其他顾问决定剩余事项是否为次要属性。

另外检验“可用于业主预期用途”的内容为是否已发放符合使用证书，表明设施符合建筑规范，所有系统均已就绪并可运行。

避免项目结束时出现冲突的最好方法是提前制定一个适合客户、建筑师和承包商的条款。承包商需要占用空间，完成他们最后的工作，争论的焦点通常是客户愿意在何种程度上忍耐这种活动。

承包商越早开始整理最终的剩余工作清单，清单上的项目就越多。建筑师希望等到剩下的项目很少才开始整理，这样他们就不用一次次地回来检查。准备清单，检查完成的项目，有需要时修正清单，并一直重复，直到所有的项目都完成，无论是对于建筑师还是其他人来说都是非常耗时的工作。

准备好让客户使用的设施、空间与按照计划实现所有工作的交付、安装和完成之间的区别是非常主观的。承包商可以列出清单，但清单项目检查及最后确定应由顾问小组进行。清单内容应按建筑、楼层、房间和工种进行分类，以便承包商和分包商检查。不建议建筑师和其他人在没有对所有工作进行适当检查的情况下使用最初的清单。

我经常被问到，客户是否应该参与剩余工作清单的处理过程。我会同时回答是和否。

是的，客户应该知道清单的存在，但他们没必要与咨询顾问一起挨个房间地执行这项工作。

我认为当承包商和分包商知道客户已经了解清单上需要完成的内容，特别是未来如果有继续合作的可能，他们的表现会更好，这是人之常情。如果在项目结束时表现不好，分包商将损失惨重。如果他们不能完美地完成工作，未来则可能无法从承包商、建筑师或客户那里继续获得工作。

准备最终剩余工作清单存在的困难之一是，许多分包商在剩余工作清单开始之前已经结束了他们的工作，如果出现了任何需要他们修复或继续完成的项目，他们需要被请回来。这对分包商来说是非常痛苦的。

因此，建筑师和承包商应该将那些提前完成了的工种记录下来，同时为这些行业准备剩余工作清单，而不是等待最终的剩余工作清单。这样做能在工作结束时减少许多问题。

对于那些提前完成工作的工种，我总是建议他们在离开工地之前，根据规划和规格，获得承包商的认可，证明他们的工作已经完成。他们还应该为已完成的工作拍照。3个主要工种完成的工作要靠别人来维持：

- 天花板——天花板格栅和瓷砖通常在工程早期就安装好了。之后的许多工种需要在天花板上进行，移除瓷砖或在石膏板上凿洞，然后安装机械设备、电气设备、视听设备和安保设备。吊顶承包商应对他们的工作进行拍照，以便返工修理吊顶时能得到补偿
- 地面——木地板、石材、陶瓷或乙烯基瓷砖的安装通常与其他工作同时进行。完工后即使有厚纸保护，也很容易被弄脏或划伤。同样地，这部分工作完成后应该拍照，以保护分包商不必免费返回进行维修。一般来说，各个工种都对他人的工作十分尊重，但意外也会发生
- 油漆——涂好底漆或粉刷好的墙壁总是会被损坏或刮伤。除非周围到处安装摄像头，否则很难找出是谁刮花了墙面。不管怎样，除非油漆工享受油漆补涂的特殊津贴，否则不应该由他们出钱修理墙面

客户搬入之前，还有承包商以外的其他团队为客户进场工作，他们负责在天花板上安装音响系统、视听设备、信息技术设备、电话或互联网设备。这些团体需要对已有条件进行了解，并对自己的工作负责。

客户了解剩余工作清单的状态，对建筑师，甚至承包商来说是一个完美的营销机会，能够展示自己如何勤奋工作，在客户搬进之前完成所有的工作。那么典型的剩余工作清单有哪些内容？通常是使项目出彩的所有产品和饰面。

以下是多数剩余工作清单中都能见到的一些内容类型：

- 没有及时订购并安装的长周期内容
- 被替换或没有按时送达的长周期内容
- 客户更改的产品规格
- 客户增加的产品
- 在运输过程中损坏的产品
- 被他人损坏的工作成果
- 草率的工艺
- 补漆
- 地毯和瓷砖清洁
- 硬件调整
- 更换损坏或弄脏的天花板贴面板

入住

入住时间是建筑师向客户展示项目进展顺利的一个机会。每个人都想赢得回头客。入住通常选在周末以及较长的假日进行，所有系统都需要在之后的周一之前启动并运行。

对于建筑师来说，在进行入住的周末腾出时间通常不在合同要求的工作范围里，但建筑师能出现在现场，回答所有问题总是会令员工和管理层感到非常欣慰。

建筑师要做的事情有很多，包括完成工程剩余工作清单，检查家具剩余工作清单，测试部分视听/音响系统，确保设备插好电源能正常工作。还有一项重要的工作是在每张办公桌上放“请帮我解决问题”的卡片，让员工可以在发现问题时记录下来，然后将卡片上交。

验收

大多数顾问的合同中都包含一项在工作结束时提供工程和机电竣工图的条款。持有一套准确的设计图对客户来说固然重要，但不要忘记承包商需要与客户共同审查的所有其他事项，以便后者了解如何在整个租赁或使用期间进行设施管理。

如果你的客户拥有并使用一栋建筑物，那么他（们）需要接受若干个管理系统的“管理操作”培训。为了实现设备的日常高效使用，员工们也需要了解各个内

建筑系统	**内部系统**
建筑管理系统(BMS)	声音掩蔽
门/钥匙/锁	视听
电气	清洗指南
防火	客户验收报告
发电机/不间断电源(UPS)	电话会议
暖通空调系统	施工日志
景观/洒水	家具
虫害控制	厨房电器
管道	照明(灯具及调光装置)
产品保修	操作手册
安保	产品库存
自动喷水灭火系统	补充暖通空调单元
	技术
	视频会议

部系统的相关知识。工作手册中需要记录每个类别的系统在使用、定期维护、修理和保修方面的内容。

当服务大客户时，建筑师和家具经销商最好将他们的设计图传到设施管理系统中，方便客户进行下列操作：

- 追踪并报告每个人的座位
- 保持家具设计图的更新状态
- 跟踪并报告空置的工作场所和办公室地点
- 跟踪并报告退款部门区域
- 跟踪并报告移动、添加和更改情况
- 为将来的翻新准备适应性测试

第七章

项目后服务

与客户保持联系

我强烈建议建筑师在他们的基本建筑服务中增加项目后服务。大多数项目后服务可以采用认购的形式——通常按合同规定的方式每月支付或每年一次性支付。下面列出的所有服务针对的都是商业建筑，而不是住宅。

持有设施或租用设施的数据管理

设计单一用途办公大楼、多租户办公大楼或建筑内部结构的建筑师可以帮助他们的客户对持有的或租用的房产数据进行跟踪和报告。多年来，房地产公司一直为租户和业主提供这种服务。建筑师没有理由不提供这种服务。有多种产品可以用来提供这项服务，最易使用也最流行的产品是Link Systems公司的应用程序ProLease。该系统包括120多份标准报告，例如：

- 财务会计标准委员会租赁会计
- 租金
- 预算和预测
- 关键日期和电子邮件提醒
- 零售功能
- 文档管理
- 位置映射
- 图表和图形绘制

ProLease的工作人员将建立客户数据库，录入数据，向建筑师和业主提供数据和报告的完整访问权，这帮助建筑师在项目后服务中保持消息灵通。建筑师可以使用单一ProLease版本来输入他们想要的任意数量的客户数据——每个客户都对他们的账户信息享受完整的访问权和安全保障。

在美国财富1000强的大企业中，有700多家公司和顶级房地产公司使用ProLease。

项目组合管理

每个建筑业主都需要精确的基础建筑设计图，建筑测量数据和营销计划。建筑师可以协助业主对潜在租户进行适应性测试；按租约到期时间以颜色标记，维护租户让位计划；进行建筑面积分析；完成“可出租面积”的计算。

一些公司有运行这些计算的专用系统。Link Systems公司就为建筑师和客户提供这些服务。建筑师可以每月就以下服务直接为客户开具发票：

- CAD（计算机辅助设计）平面图
- 实地调查
- 营销计划
- 购买分析
- 平面图再堆叠服务
- 应急响应消防安全方案
- 可出租面积测量数据
- 计划书更新
- 损耗因子分析

工作场所管理/设施管理

当建筑师协助公司进行室内装修或变换布置时，项目后服务可以帮助他们有效地跟踪和报告搬迁、添加项目和更改，包括：

- 座位表的及时更新
- 人事变动
- 部门分配
- 空间利用
- 工作场所报告

这些服务使建筑师能够与对应项目的客户保持积极的、战略性的合作伙伴关系，并可能在未来产生其他地点的项目合作。Link Systems公司可以在Workplace模块中设置建筑师的设计图。

资本支出服务

所有大公司的年度预算规划都包括对下一年资本支出的估计。规划支出的主要部分通常涉及房地产和设施的规划改造、项目增加和定期维护。

由公司的设备经理、建筑师、电气工程师和承包商以楼为单位编制的一份全面清单，应该体现团队下一年的待办工作，这些项目往往在没有竞标的情况下授标。

第四部分 向上攀登——从实习生到建筑师

PART IV

Moving On Up—From Intern to Architect

第八章

提案申请和**提案**

从实习生到建筑师的转变是一个非常有趣和戏剧性的过程。当你通过注册建筑师考试，可以在自己的名字后面加上“建筑师协会”的字眼时，当然应该庆祝一下。在准备注册建筑师考试的这一部分，我描述了所有应该发生在你身上的具有积极意义的事情，包括：

> 1. 公司应该给你一个新头衔并为你的服务收取更高价格(如果情况符合，别忘了要求加薪)。
> 2.当潜在客户浏览公司网站时，公司名册上有更多的执业/注册建筑师会让公司看起来更好。
> 3.提案申请中经常包含这样一个问题：“公司中有多少执业/注册建筑师，其中又有几人会被分配到这个项目中？”

当一个人在组织中上升时，重要的职能之一就是学习信息申请和提案申请的评估和制作。在中、小型公司里，主理人一般愿意让员工参与这两种文书的编制，因为它们非常耗时。规模更大的公司都有专门负责市场营销和提案撰写的员工。帮忙撰写提案的一个附带好处是，你可以对公司有更多的了解，包括主理人的深入想法、过去项目的指标、营销策略，以及如何计算建议成本。

提案申请和提案

建筑行业不断变化，正因为如此，一定要做好万全准备。20世纪90年代中期，业主代表和项目经理业务开始之时，行业发生了一个重大变化。当时成立的公司中有许多成了大公司的内部房地产和设施集团。在过去，房地产或设施集团发出提案申请，建筑公司将有几周的时间准备答复。

对答复进行评估以后，客户会邀请一些公司来做简报。根据这些公司的建议和简报，客户将与一个或多个公司进行谈判，以确保他们理解对工作范围、质量和时间的要求，随后会做出决定。

同一时期还有一个巨大的变化。较大的公司开始在提案申请过程中纳入采购部门——近期部门名称从购买部门（purchasing department）改为采购部门（procurement department）。这组人员不仅审查提案，还负责商讨工作内容。大多数人认为名称的变化只存在于字面上，但实际上二者的责任有所不同。

马特·林这样定义两个名称："采购（procurement）涉及供应商选择、付款条件订立、战略审查和选择、合同谈判以及货物购买的实际过程。它涉及获得/获取对组织至关重要的所有商品、服务和工作。从本质上讲，采购是一个概括性或涵盖性术语，其中可以找到购买的概念[1]。

这一变化不仅影响提案申请的质量，也影响工作过程的质量。工作的重点从选出负责这项工作的"最好的公司"，转变为采购组寻找"最低成本的替代方案"。如果出价的公司水平相当，为什么不选择成本最低的公司呢？

作为一个竞标者，你知道当决定涉及价格时，只可能发生两种情况：

> 1.你输给了出价更低的人。
> 2.因为你的出价更低，你最终获得了这单生意，但需要完成大量的工作，收到较少的报酬。

1.马特·林，《采购和购买的区别是什么？》，出自博客Procurify，2018年4月19日访问，https://blog.procurify.com/2014/02/07/what-is-the-difference-between-procurement-and-purchasing/。

这就是你作为供应商需要应对的问题。这是一种糟糕的购买专业服务的方式。当对费用的考虑排在了服务质量和体验之前时，你就陷入了一场价格战。

更糟糕的是，有时甚至在提案申请发出之前，公司就需要按要求进行简报。对接的建筑师可能对客户或项目了解很少或完全不了解，只是希望通过某种方式进入候选名单并获得提案申请。在后面，我会讨论成为战略服务合作伙伴的重要性。在你还不了解项目的类型、规模、位置之前就做简报是一件有风险的事。你可能展示了自己的强项，却发现对方想要的是有预算的方案，或者情况相反。根据墨菲定律，我们很可能猜得不对。不论是哪种情况，建筑师几乎没有时间进行准备，所以他们必须有现成的优质信息。

掌握过去项目的准确信息至关重要。设计图、工程费用、家具费用、面积指标、产品、团队成员等信息都是提案申请或简报中应该包含的非常重要的内容。

我记得曾给一家要搬迁总部的大公司做过一次简报。我提前做了尽职调查，查看了该公司的网站，调查了公司历史和管理团队，甚至还查看了他们为员工购买衬衫、帽子和品牌商品而设立的在线商店。一切信息都表明，这是一家致力于最大限度地满足员工需求的公司。我的简报特别突出了工作场所效率、员工保有率和便利设施的相关内容。我的做法大错特错。

讲完的时候，我问听众是否有问题要问，那里的首席财务官说："简报做得不错，但我们要找的是能用最低价格做施工图纸的公司。"

信息申请和提案申请

项目申请书主要有两种类型：

1.信息申请。
2.提案申请。

二者之间有着显著的区别，但经常被客户、采购组和向建筑师咨询的顾问误解。可以把信息申请想象成预先提案。信息申请的对接和回应是一件非常令人沮丧的事，特别是在阅读了所有要求你提供的信息之后。信息申请是为了了解对方公司的历史、人员、项目类型、规模和费用。信息申请只需用最少的信息，让你知道自己有机会承接一个建筑项目。信息申请甚至对公司的财务、薪水和税务记录也会提出问题。在文件的最后，甚至可能有询价的要求。

信息申请通常是要求回答与公司有关的基本问题的样板文件。当你收到一些这样的东西后，就会知道所有的问题类型，应该准备好可以套用的答案。在我的公司里，我创建了一个“回复生成器”的演示文稿，上面有我们被问到的每个问题以及我们通常给出的回答。如果你已经将公司规模，员工类型，按规模和类型划分的项目数量，每个项目的负责人员以及可用面积/可出租面积的单位费用等所有信息汇总，就方便做出回应。信息申请还会询问项目、视听设备、信息技术设备、安保、音响、照明和家具相关的信息。

提案申请则试图描绘出客户和他们提出的项目目标。如果客户能和他们的房地产经纪人、项目经理，或者业主代表一起花时间考察项目，描述他们的计划，产生的提案申请是最好的。一份提案申请可能不会包括所有细节，但它会尽可能具体地描述公司的形象、发展、地点和文化。能从员工或产品/服务的角度知晓客户业务的成长情况是很有益处的。我们越了解潜在客户的工作方式，比如游客的需求、设计意图、办公室与开放办公区的比例，抑或家具的需求，我们就越能更好地了解客户的类型，以及我们需要花费的时间。

无论哪种情况，都很难用有限的信息计算出固定的费用。这就是为什么我们总是建议客户将项目分为两个阶段进行：第一阶段，制定范围；第二阶段，植入计划。

我们通过网站、社交媒体平台，以及博客等方式尽可能多地了解潜在客户。寻找可以在简报中呈现的**关联**，例如：

· 管理团队由谁组成?

· 他们的毕业学校是什么?

· 他们在公司就职多久?

· 他们的上一份工作是什么?

· 公司有多少个办事处?

· 他们在上一个项目中选择了与哪位建筑师合作?

· 他们对那位建筑师满意吗?

· 在之前的项目里，他们的房地产经纪人/承包商/业主代表/家具经销商是谁? 打电话联系他们，了解尽可能多的信息

· 如果你认识以前为客户做过工作的人，问问他们觉得你有几成的胜算

· 这家公司和你的其他客户属于同一行业吗?

· 对于他们的业务类型，相关指标是什么? 你可能会被问到可用面积和可出租面积的单位费用

大多数收件人会先阅读你的提案申请的开头或摘要页，然后翻到收费部分。开头应该包括感谢的话，感谢他们将你列为考虑对象，同时说明为什么你是帮助他们完成这个项目的最佳公司。在这一阶段，细节对他们来说并不重要。其次，被要求做简报时，你需要拿到关于这个项目的所有基础信息。

不幸的是，即使有一份详细的提案申请，在这一阶段想要计算费用也是几乎不可能的。在范围、时间或预算方面，只能估测。在这一阶段，很难通过估计成本和利润来确定费用。想象你走进一家汽车经销店，询问一辆车的价格。如果你不先给经销商具体地描述你要找的样式，就无法询价成功。那么，为什么建筑师总是需要在没有具体细节的情况下给出报价呢? 答案是，公司愿意支付一笔没有具体细节的费用。

如果我们用花在类似项目上的时间来预估未来的工作，可能永远也得不到这份工作! 费用的计算总是要考虑几个因素: 投标竞争者，当前的市场状况，我们需要这项工作的迫切程度，可能产生的额外费用报价等。了解公司的指标至关重要，这样你才能知道如何开展工作。

通常，提案申请包含一种输入费用信息的格式。即使格式很麻烦，提出的问题似乎毫无意义，也要始终遵循这种格式。建筑事务所经常被问及他们对每个阶段的员工分配，花费的时间多少，以及每个阶段的费用是多少。让你的答案看起来合理即可——没有正确答案。

有时客户要求的费用是以可用面积的单位费用而不是可出租面积的单位费用来报价的。这样一来，公司就无法利用通常较大的损失因素。出于同样的原因，但反过来说，建筑业主是按可出租面积而不是按可用面积来计算租金，这也让他们的数据看起来更小。如果我们上调费用来反映损失因素，那么费用会看起来很高，我们可能还是想将其调低，这也是对方所希望的。当处理数值时，请试着了解对方真正想要的是什么。提案申请中关于费用的问题很难回答，因为至此阶段，可以明确的项目信息还不太多。估测出最低费用的公司通常有更大胜算。

另外，即使是一份精心准备的提案申请也可能并未包含太多关于安保、技术、视听设备、新家具与可再利用家具、定制设计元素或木制品的内容。如果考虑到这类工作内容，你的费用可能要比其他人高得多。注意，只给你被要求的内容报价，而不是按你的认知或以为有用的内容报价。

我过去常以“完成工作”为节点估算工作所需的时间，即使我知道他们通常会忘记询问具体细节。我不再那么做了。如果提案申请中的内容不明确，我就会排除这项工作，将其归为“附加服务”，这样工作启动时费用中不包括的范围就很清楚了。注意：这种方法可能会显得很消极，因为它可能会给人留下一种你在每一件小事上都要斤斤计较的印象。但有时候，排除掉的工作比包含进来的工作看起来工作量更大。记住，如果客户保留了项目经理或业主代表，他们会从不同的角度推销自己的服务。

如果客户的公司内部没有专家团队，项目经理或业主代表可以作为客户的内部团队来面试或推荐其他顾问，从进度和预算的角度管理项目、审核发票等。如果提案申请中没有描述项目经理或业主代表的服务内容，请提出问题，避免服务重复。建筑师应该在他们的合同中明确哪些服务将由项目经理或业主代表完成，以及哪些不需要他们完成。一些业主代表和项目经理喜欢顾问通过他们开展工作，从而对咨询师与顾问的接触加以限制。这从来不是个好主意。无论何时，只要有可能，你都希望能够与客户直接接触，建立关系。话虽如此，大多数项目经理和业主代表还是可以在项目运行中提供巨大的帮助的。

回复提案申请或信息申请

大多数提案中都写明你需要遵循提案申请格式，你确实应该这样做。如果不这样做，很容易让你自己和公司失去竞争资格。然而，在回复提案申请之前，要做下面这两件事。

评估你被选中的机会

人类的本性就是想要“赢得”所有的项目——不管内容是什么。即使能赢得所有项目，现实是有些项目太大，有些也太小，其他的则不是合适的类型。经历了策略事与愿违，一系列严重的失误之后，我们开发出了以下评估胜出概率的方式。在没有足够的经验和人员，以及时间与我们的其他项目不契合的情况下，我们赢下了许多项目。幸运的是，没有发生重大事故，但也有许多死里逃生，我们从中学到了很多宝贵的经验。

我们的评估方式分为两个部分，我们的评分系统与许多产品的评级方式相类似：

- 项目类型
- 客户类型

如果你决定回复

准备一个你想要在回复中运用的大纲。给自己足够的时间好好研究一下这家公司，做出回复。如果你等到提案申请的截止日期前一天才做这些工作，恐怕你的回复不够充分，也很难按时完成。使用与99页所示类似的表。在你的答案上做出标记，数一数有多少个笑脸，然后除以26：

- 少于2个笑脸，赶紧退出吧
- 笑脸数量在2个和3个之间时，你需要提交一份优秀的提案
- 超过3个笑脸，你有很大的机会获胜

当你审阅一份提案申请时，有几件事是很重要的。

提案申请经常没有电话或电子邮件等形式的提前通知。你只有一到两天的时间完成一些任务：

1.确认你已收到通知并准备回复。
2.签署保密协议。
3.同意对客户现有或提议的空间进行参观。参观是个很有趣的过程，因为你经常可以见到其他被评估的公司。参观也很棘手，因为客户希望参与项目工作的人都能参加。由于你可能只有两天的准备时间，想要参与项目的人可能无法安排时间到场。
4.了解对方什么时候需要拿到提案申请。例如，他们可能会说提案要在5号，星期五上午9点前完成，但如果他们说想要在5号上午9点收到纸质版和电子版，这就意味着提案最好要在3号寄出。
5.如果接收提案的公司要求大量的副本，你就需要将额外的打印时间列入计划之中。
6.当对方要求发送电子版时，有两件事需要考虑。首先，确保你有一个正确的电子邮箱地址；其次，确认对方的电子邮箱系统可以接收你可能发送的大文件。总是以pdf格式发送提案。
7.针对想要的打印文件的装订方式进行内部讨论，这样你就可以确保准备好所需的全部装订材料。
8.别忘了给你的团队准备出额外的提案复印件，以便他们在简报时使用，另外再给那些可能临时出现的人准备一到两份复印件。
9.最后，工作中总会有问题出现，因为提案申请几乎从来都提供不了我们需要的完整信息。尽早回答这些问题是很重要的，这样当你需要修改范围和费用时，就可以及时得到反馈。

收到后应尽快阅读提案申请，看看对方是否问及草图、布局测试、建筑对比统计数据，或者机电水暖和其他顾问的建议和费用等耗时的内容。

项目相关问题	否 1	2	3	4	是 5
我们是否成功完成过此种类型的项目?	☺	☺	☺	☺	☺
我们成功地完成过此种规模的项目吗?	☺	☺	☺	☺	☺
我们是否成功地完成过本地项目?	☺	☺	☺	☺	☺
我们是否有经验丰富的员工来做这项工作?	☺	☺	☺	☺	☺
我们的后勤人员是否会付出较多的学习精力?	☺	☺	☺	☺	☺
项目时间是否与我们员工的档期匹配?	☺	☺	☺	☺	☺
如果我们得到这个任务，会让员工们感觉激动吗?	☺	☺	☺	☺	☺
我们以前在此类项目中赢利吗?	☺	☺	☺	☺	☺
这是一个可以发表的类型项目吗?	☺	☺	☺	☺	☺
我们为过去的此类项目拍照了吗?	☺	☺	☺	☺	☺
我们的市场上有这种类型的项目吗?	☺	☺	☺	☺	☺
我们是否认识合适的顾问?	☺	☺	☺	☺	☺
这个项目会有业主代表或项目经理吗?	☺	☺	☺	☺	☺
是否会有许多建筑规范和规章要求?	☺	☺	☺	☺	☺
这类项目是否会超出我们的保险责任限额?	☺	☺	☺	☺	☺

客户相关问题					
我们以前与这个客户有过其他任务的合作吗?	☺	☺	☺	☺	☺
如果是的话，我们的关系是否良好?	☺	☺	☺	☺	☺
如果是的话，客户是一个好的推荐人吗?	☺	☺	☺	☺	☺
客户喜欢聚会吗?	☺	☺	☺	☺	☺
对方是一个亲力亲为的客户吗?	☺	☺	☺	☺	☺
对方是一个不做干涉的客户吗?	☺	☺	☺	☺	☺
对方是一个经验丰富的客户吗?	☺	☺	☺	☺	☺
高级管理团队会参与进来吗?	☺	☺	☺	☺	☺
我们认识其他与这个客户合作过的人吗?	☺	☺	☺	☺	☺
客户有爱打官司的历史吗?	☺	☺	☺	☺	☺
我们的员工能与这类客户相处得很好吗?	☺	☺	☺	☺	☺

简报

就像我在提案申请部中提到的，在收到提案申请后更容易进行推销，因为你可能已经发现了关于公司或项目的一些特别内容，可以帮助你脱颖而出。

虽然做过很多的简报，我仍然不知道什么是展示的最佳时机：第一，中间，还是最后。我想我更喜欢最后展示，因为客户会准备好更多的问题，如果简报进行得很顺利，可能会超时。

通常情况下，第一个简报不会准时开始，第二个简报时间紧张，以便赶上进度，等到第三个简报进行时，客户会稍微放松下来，也知道哪些才是该问的重要问题。

只有在做简报过程中，你才真正有机会让自己脱颖而出。提案可能看起来不一样，也可能展现出个性，但只有亲自上场才能很容易地展示出真正的想法。

做简报时要考虑的13件事。（没办法，就是有这么多内容！）

基本内容

准备

去做简报之前，你应该弄清楚：

· 需要展示多长时间？分配给你的时间可能看起来很短
· 简报会在哪里进行？确保你知道正确的位置和楼层，给通过大楼安保留出时间
· 谁将出席？他们的名字和头衔是什么？
· 现场使用的是什么样的房间？它在室内，还是室外？有玻璃墙吗？现场有什么样的技术设备可用？灯光亮度是否可以调节？如果你觉得他们可以接受在你的办公室做简报，告诉他们能见到你的整个团队，并参观工作状态下的办公室

任务类型

根据工作的类型和地点，你要做一些调查来确定：

- 如果你做过类似的工作——服务对象、项目规模、成本、房地产经纪人、承包商和家具，试着进行信息的匹配
- 尽可能多地调查公司——产品、服务、股票价格、办事处数量、管理团队。管理团队以前在哪里工作过，团队成员在哪所院校完成学业？
- 询问他们是否允许你参观他们现有的办公室。如果他们愿意，在心里记下办公室的大小、工作站、家具质量和制造商、设施、颜色和材料，以及品牌。能看看做简报将要使用的房间和座位安排也很好。和他们聊几分钟，这样当你去做简报时，他们能认出你，这一点是很重要的
- 如果你知道他们正在考虑的建筑，逐个参观，并做好笔记、拍照、拿到设计图，甚至可以做一些适应性测试，这样做大有裨益

格式/议程

- 想想你想要做的简报类型：11厘米×17厘米简短、正式的幻灯片演示，24厘米×36厘米的画架展板，以工作会议形式进行装订展示。记住，如果你要使用展板，在离开之前把画架组装好，放在办公室里，确保不缺少零件
- 在一个需要把灯光调暗或关闭才能进行幻灯片演示的房间里想要吸引客户是非常困难的。客户在下午会感到疲惫，如果你在第三个进行展示，客户看到你时可能也已经累了

如果你在下午进行演示，可以带点水果点心，分享给客户，让他们在你做准备的时候享用。再带上一些纸杯和勺子，就万事俱备了。点心中的糖分会让他们在你展示的时间里振奋起来。

在最近的一个简报里，我们都戴着红色的纽扣，上面标有不同的数字。最后，一位客户问："说说吧，这些纽扣是怎么回事？"我回答说，数字代表我们每个人加入公司的年数。

在这个项目中，我们集合了一个资深团队，所以展示出的数字令人印象深刻。这些数字也可以替换成所做过的类似项目的数量。

· 同样，在做简报时，如果灯光调暗，让团队里一个以上的成员一起发言可能会很困难
· 整理材料之前，准备一份议程提纲。如果有什么可以直接适用于项目的特别材料可以展示，就把它当成起点。准备一个故事板，整理出展示的内容和思路
· 了解你的听众，这一点非常重要。确保你与客户团队出席的每一个人，包括房地产经纪人或业主代表在内的任何外部顾问都有内容可讨论或展示。通常会来的人有：首席执行官、首席运营官、首席财务官、房地产代理、设备经理、营销团队、行政人员、财务顾问、采购顾问和人力资源经理。人力资源经理之所以重要，是因为你可以与他谈论，你的优秀计划能够如何吸引并留住员工，降低人员流失率，并将未来的招聘成本最小化
· 当你准备简报，讨论你想表现什么的时候，想想在你谈论那个话题的时候谁是应该关注的对象
· 你展示材料的顺序在很大程度上取决于你得到了多少信息。记住，尽可能多谈论对方，只在适当的时候提及自己的公司。不要按照枯燥的时间顺序以历史、员工和项目阶段的形式来进行陈述。试一试以员工如何顺利搬迁开始你的简报，转而谈到你所提供的起到支持作用的服务及流程

当你谈论工作的各个阶段时，最好能谈谈每个阶段有哪些不一样的做法，你的表单有何优点，客户如何受益。如果你在第二个或第三个出场演示，客户不希望再把步骤重复听一遍，他们在寻找差异。

例如，在谈到管理预算时，我展示了我们的表格有哪些不同，如何使客户更容易理解预算在整个阶段中的变化。客户可以在**一个页面**上看清范围变化是如何影响预算的，这可以向他们表明我们的责任心。谈到进度管理时，我们关注的是客户的任务，例如我们需要他们参与各个阶段的规划、审查、报告和批准。客户真的不关心你如何安排你的进度。他们需要知道如何与你的时间进行协调。

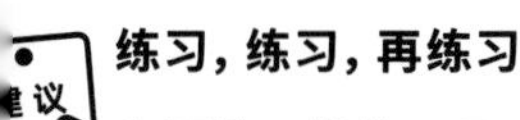

练习，练习，再练习

和团队一起练习几次，记录简报的时长，这样做肯定会有回报。练习将简报控制在规定的时间内，这样在最后你被告知只剩5分钟的时候，就不会将结尾最重要信息的部分匆匆带过。

先说重要的话题，然后如果时间不够了，你可以说剩下的信息在材料中，因此不做具体的讲述。

强调你的不同，或者为什么不同的工作方式会给他们带来好处。给提问留出时间，一个简单的项目留出10～15分钟较为适合。

时间安排

早到——如果你没有早到15分钟，那么你可能就迟到了。如果你是第二个或第三个展示，那么提前到达就格外重要，因为可用的准备时间很少。

你的团队成员中应该有一人与客户聊天，让他们在你做准备的时间里有事可做。如果你是第一个进行展示，到得早就格外有益，因为你可能会有更多的时间进行展示。

你的开场

你应该带哪些人、带多少人取决于项目类型。一般来说，不要带任何没有重要任务的人，团队人数也不要比客户人数更多。介绍你的团队，小组成员佩戴名牌也是一个好主意。制定一个清晰的议程，详细说明你们将要讨论的内容。

记住，大多数人只能记住三件事。这是著名的“三项法则”，苹果公司的史蒂夫·乔布斯总是问：“你想让人们记住哪三件东西？”

· 介绍团队用的时间越长，你能用来展示的时间就越少。所以简洁地介绍每一个人，并说明他们将以何种形式参与你的展示

· 在我看来，设计一个议程卡是个好主意。用一张卡取代会后将丢弃的一打名片。将你的照片印在卡上，简报结束后谈论你们公司的时候，对方会更容易把你的脸和做简报时说过的内容联系起来。他们也可以在卡上做一些笔记，记录你简报中的亮点

· 注意座位安排。一般情况下，很容易弄清楚负责人落座的位置。不要坐在那里。让你的团队坐在后面，远离门，但是方便与客户交谈的位置。把你的公文包、笔记本等物品收好，以减少杂乱的感觉

· 如果你打算用电脑或投影仪，把所有的连接线都带来，再准备一些延长线，以防会议室没有足够的插座

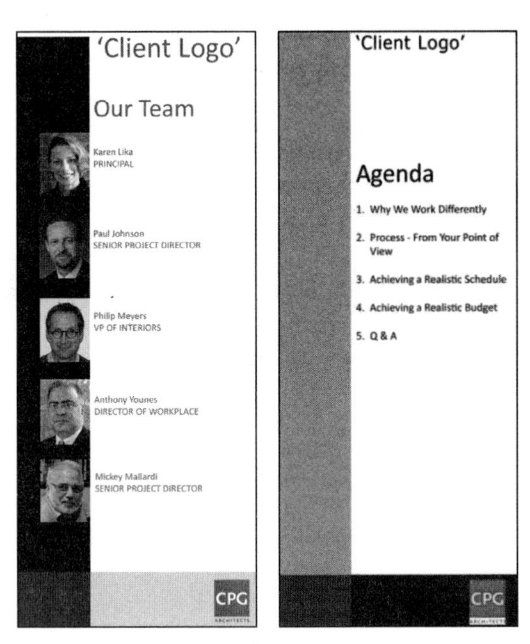

议程卡正反面

客户团队

提前了解客户团队里谁会来听你的简报是很重要的。你的客户团队可能包括他们已经确定的顾问。你的简报中一定要涵盖与每一个听众对应的内容。一定要了解每个人的职责，这样你的简报就会包含他们会感兴趣的主题。如果他们没有名片，记下他们的信息以便在演示结束后给每个人寄出一封感谢信。通常，在自己公司的办公室开会时，客户不会随身携带名片。

下表详细介绍了一些我们想与客户讨论的事情。挑选一两个正面的观点与每个客户代表进行讨论。

首席执行官/首席运营官

- 网站或文章中学到的东西的评论
- 相关情况下，股票价格的增长
- 相关情况下，公司过去5年的收入增长情况
- 相关情况下，未来5年的预期增长
- 扩大/搬迁/建造的原因
- 入住当天，他/她想对员工说什么
    - 项目目标——新的工作方式
    - 空间效率
    - 建筑设施
    - 环境控制；绿色材料
    - 生态
    - 策划新产品
    - 向客户展示的形象

首席财务官/采购顾问

- 预算控制/进度控制
- 计划的范围或质量选项
- 投标和会计标准
- 合同

首席信息官

- 内部技术系统
- 外部技术系统
- 视听设备、信息技术、桌面安全

房地产/设备负责人

- 空间标准
- 家具标准
- 材料质量
- 招标程序
- 其他顾问的选择
- 租赁/购买审查
- 预测增长

人力资源经理

- 与房地产/设施部门协调工作场所标准
- 员工礼仪程序
- 整个过程中的员工沟通
- 搬入后的员工沟通

做简报过程中的问题

我还想说的是，客户可以在做简报期间问他或她想问的任何问题。你希望他们参与进来。然而，到底该问多少问题，没有明确的界限。一条重要的规则是，不要提出没人能够回答的问题。你当然不想制造难堪。

无法回答的问题

如果客户问了一个问题，而你不能立即给出回答，那没关系。但记住，不知道答案可能比给出一个错误的答案更糟糕。为自己争取一些时间，遵循这个简单的规则：如果你无法当场回答，回复你会获取相关信息，并在当天或第二天发送给他们。事实上，这样回应可以产生积极的效果，因为有理由做简报后继续保持对话本身是一件好事。如果是"可出租面积是多少？"一类的问题，而你不知道答案，就有麻烦了。通常我无法立即回答的问题是与过去的项目相关的，比如可出租面积的单位费用、进度等。回答问题之前要三思。也许这些信息应该是保密的。在会议结束后思考问题允许你有更多的时间来准备好答案，也避免了给出一个仓促的答案。如果你用电子邮件发送答案，不要忘记抄送给会议上所有的人。

可能会被问到的棘手问题

当你展示以往作品时，客户可能会问:“这个项目成本多少？”你应该为每个展示的项目准备一张项目指标卡。这样的话，你会看起来非常有条理、有经验，也能够彻底回答这个问题。你还应该有一份备份表格，用来描述项目的成本构成，以便展示每个项目的成本为何不同。很多时候找不到答案，因为要么场地没有被选中，人员和空间计划尚未开发，或设计尚未开始。你可能会被问到的一些棘手的问题包括：

- 你认为我们需要为这个项目做多少预算?
- 你认为我们需要租多大的空间?
- 这个项目从开始到完成需要多长时间?
- 我们与贵公司合作的风险是什么?
- 这些都是“双输”的问题。你能做的就是给出范围，尽量简短，然后期待最好的结果

时间安排

永远不要看时间。你应该知道你的报告需要多长时间。不要说：“我们快没时间了，所以我要快速看完这几张照片。”相反地，你应该说：“我们没有展示所有的照片。其余的照片您可以在我们分发的小册子里找到。”用3个要点做出总结，强调你的优势，你与对方合作的愿望，以及你对优质和成功的承诺。

重新分组并跟进

在团队回到办公室后，大家聚在一起讨论简报进行得如何，以及下次展示要做的改进。利用清单来确定你是否遵循了计划。对于任何持续的问题或担忧，给客户写一封信或电子邮件并加以说明。在这封信里表达“谢谢”，并把它寄给所有出席了简报会的人员。如果你想表现得更有人情味，可以给每个参加简报的人发一张高质量的“感谢卡”。

了解他们的决定

接受:

恭喜你! 现在是派对时间!

拒绝:

第一，我会寄一张漂亮的卡片或便条，上面写着:“如果因为某种情况没有与选定的公司合作，我们非常渴望加入贵公司的项目。”

第二，有时与一家公司的合同还没有签订，所以你应该让客户知道随时可以与你联系。这些年来，确实有几次我因为没能拿到项目而感到十分沮丧，所以我转而以“礼貌”的方式继续对自身进行展示。我给所有人打电话，重新介绍我们的项目，再给他们寄些照片和材料，然后有一天，客户打电话来说我们得到了这份工作!

第三，不要放弃。要有礼貌，对于被选中的公司不发表不尊重的言论。

以下是关于项目的一些基本事实:

- 项目越小，每平方米的成本就越大
- 办公室与开放式工作站比例越高，工程的基础费用就越大
- 根据信息技术、安保、视听设备、电话、发电机、联合包裹服务、家具、完成度、业主出资、免费分配租金等情况的不同，项目费用的差别很大
- 使用率指标也很容易被误解。根据工作场所标准和特别区域类型的不同，使用面积相似的公司可以有截然不同的人均可用面积/可出租面积指数。一个公司可能有培训用的大房间、自助餐厅、健身中心和储藏室等特别区域。这些数据可以让人均面积的数据发生巨大偏差

▢ 第九章

赢得**项目**

你的公司扮演怎样的角色？

即使你已经做了简报并提交了提案，客户也说你的公司被选中了，仍然会有一些问题需要澄清。很重要的一件事是询问以项目经理或业主代表为例的其他工作人员正在或将要承担哪些工作。试着询问那些可能重复的服务内容。

以下是一些可能重叠的领域：

项目经理/业主代表

客户可能已经选择了一家公司或计划雇用一家公司进行项目管理。通常，客户公司内部没有相关经验，会为这项服务征求建议。大多数时候，这些公司会在选定建筑师之前已经确定，如果是这样的话，你的提案申请将由他们编写。在其他情况下，建筑师可以辅助完成提案申请的编写。

预算和进度

在合同中需要明确谁来负责主进度和预算的编写和维护。

制作提案申请（面试并推荐剩余顾问）。

对于机电水暖、土木工程、施工、声学、安保、信息技术、照明等职位，谁来做这些工作？

准备投标材料，招标，调整投标，推荐公司
谁来负责家具、安保、视听和工程的工作？

执行上面列出的每一项任务都需要花费大量的时间和精力。如果这些服务在建筑师的职责范围内，那么合同和费用需要清楚说明，并反映在整个工作范围内。如果这些服务是其他人的责任，但是建议或要求建筑师对其进行“协助”，那么你必须统计相关工作时间，并确保收取适当的费用。即使不由建筑师负责，也一定会在相关事宜上花费时间。

完善你的建筑合同

下一步是与你的新客户一同准备一份书面合同。我们总是希望客户签署**我们**的提案或合同，因为已经对工作范围进行了明确阐述。如果客户公司有业主代表或项目经理，他们还会希望公司的律师参与进来。敲定合同一定会花些时间，要有准备。

试着亲自和律师以及最终会在合同上签字的客户进行谈判。记住，律师是按小时收费的；如果可能的话，避免冗长的电子邮件谈判。

所有的合同中都有不同的要点：

> 1.你可以立即同意的要点。
> 我的方法是从所有你不需改变即可同意的地方开始。这会给你的合同谈判带来一个积极的开端，它确定了合适的基调，并展示出合作的意愿。
> 2.需要解决或修改的问题。
> 接下来，我尝试整理所有涉及工作范围的问题：需要包含的工作，需要排除的工作，以及建筑师需要对他人提供协助的工作，做好文件记录。
> 3.你无法接受的地方——交易破坏者。

你不能同意的地方，我称之为交易破坏者。这些问题的谈判将花费最多的时间，它们也是最重要的问题。这些通常是让建筑师为他或她无法控制的事情负责的条款，比如费用超支或进度滞后。这些条款还可能包括发生以上情况时的严厉处罚。

一些合同中说明，如果项目费用超过预算，建筑师应对更改提出建议，并自负费用重新规划，使总费用符合预算。此处的表达应为，如果预算的工程费用部分超过了估计的费用，建筑师将评估可选方案，提出更改建议，如有必要，自负成本做出适当的修订。重要的是，机电水暖、信息技术、视听、安保、声学和照明等其他咨询公司需要在合同中进行相同的约定，并对自己的工作和预算负责。

4.责任保险不覆盖的条款。

我总是把责任条款留到最后。如果合同中的条款与建筑师责任保险中的限制或措辞不一致，或者异常严格，我会说，“我们的保险公司不覆盖这些措辞或条款中的建筑师责任。如果你想在合同中保留这些条款，我们会准备一份免责声明，声明我们是按原样签署文件的，但请注意，我们的保险公司不对这些条款声明的情况提供保障。”

大多数情况下，免责声明的方法可以有效地告知客户。如果提出的责任限额高于我们的承保范围，我们会告诉客户我们的保险公司将收取多少费用，并将其视为额外费用。

5.费用的谈判。

为了让合同对客户和建筑师双方都尽可能公平，谈判人员花了很多时间讨论每一个细节，但有时谈判人员还是想从建筑师那里“榨干最后一滴血”。他们让你降低费用。

在这种情况下，很难给出一个全面的建议。当这种情况发生在我身上的时候，我会从4个方面阐述我的观点。我会对谈判者或客户说：

· 我在投标的提案申请上做的预算已经很低，因为我们真的想和客户一起做这个项目

· 工作范围还没有完全确定，我们已经在时间进度上做了一些让步，所以我们不会再来讨价还价

· 建筑费用在费用饼状图中的所占比例很小，通常约为13%，在费用总额中所占百分比也很小

· 我们的目标是设计一个以尽可能低的成本满足客户目标的项目。我们还帮助联系机电水暖、照明和声学工程师、家具经销商，以及最重要的，协商承包商的费用。这些部分可以节省的费用相当可观

我认为让客户了解自己的开销很重要。如下页所示的费用饼状图显示了在平均可出租面积4645平方米的室内建筑项目中，每个顾问实际上得到了多少费用。即使房产费用不是由客户直接支付给经纪人，它也包括在客户支付的基础租金中。

在谈判中，陈述观点时要有条理。记住，客户选择了你，希望与你的公司合作，所以不要提无理要求。一旦你的合同被批准，其他顾问的合同就很容易敲定了。

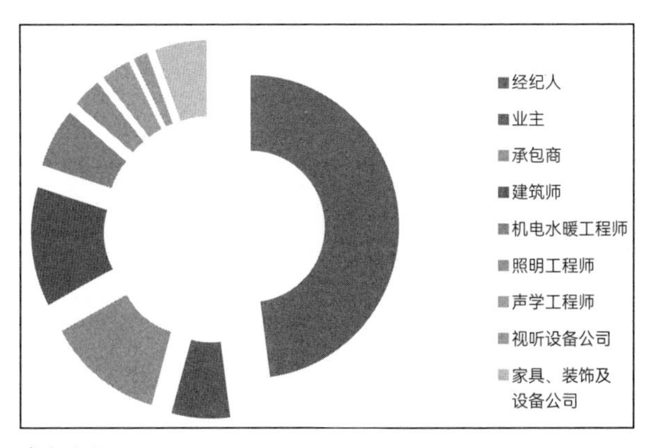

资金流向

建立外部团队

建筑师的部分工作内容可能是选择项目的其他顾问。其中可能包括发送提案申请、面试、投标和向客户进行推荐。这是一项非常耗时的任务，需要有条理而快速地完成，使其他公司尽快参与到项目中来。

进行顾问合同协商时，有3件重要的事：

1.谁对被推荐公司行使最终决定权？
2.谁与这些公司签订合同？
3.他们如何得到报酬？发票审批流程是怎样的？

我建议客户参加重点咨询团队的面试，如项目经理、机电水暖工程师、工程经理(如果有的话)。我建议合同由客户持有，发票由建筑师审核并由客户支付。十分重要的是，每个顾问都能理解并同意建筑师与客户签订合同中的条款。建筑师合同可能涉及过程、付款、时间安排、附加服务以及对批准范围、预算和责任的变更的相关细节。

随着业务的变化，交付服务的契约和方式也必须发生变化，特别是服务发票的开具方式。

以下按工程阶段编制的计费计划分为两列：第一列显示“历史”的项目比例，第二列显示“当前”的项目比例。通过此表可以看出，我们如何将费用更多地转移到项目的开始阶段，开始阶段的员工成本要高得多。

阶段性项目发票

	历史	**当前**
预租赁		
构想	包含	5%
场地选择	包含	5%
策划	5%	5%
适应性测试	包含	5%
方案设计	20%	30%
深化设计	15%	10%
家具规格	附加	以小时计费 或固定额度
施工文件	40%	25%
投标	包含	包含
工程监理	20%	15%
剩余工作清单		包含
入住		包含
验收		包含
	100%	100%

在第四部分，我概述了员工升入管理层时需要考虑的一些事情。为公司找到新的机会非常困难，需要极大的创造力。每个新项目可能都有一些潜在的机会没有得到实现。在开始的时候，帮助主理人审核提案申请，撰写提案，准备简报……

第五部分　重新评估你的事业

PART V

Reassessing Your Career

第十章

是去**是留?**

评估:是要求加薪还是离开?

因为每个人的情况不同,所以想写出要求评估和加薪的最佳方式,或者确定什么时候该开始找新工作不是一件容易的事。

为了简单起见,让我们分开看待这两个问题。

首先,让我们讨论一下加薪的问题。这个问题涉及几个因素:

1.你刚进公司的时候,有没有讨论过做年终评估的事情?这件事写在你的协议书里了吗?如果是的话,公司说他们每年都会做年终评估,你的年终评估时间到了,那么你就应该提出要求,进行年终评估。假设你的工作表现很好,可能完成了比预期更多的工作,而且你的工作质量也很高。再假定你要找的评估人了解你的日常工作,对你的贡献情况有第一手的了解。如果评估人对你的情况没有第一手的了解,你可以要求你的部门经理参加会议,或者准备笔记,以便稍后与其他人共同评估。

2.在要求加薪之前,对你所做的工作做个记录,特别是当你在较高的职位上工作时,承担的责任比预期的要多的情况。同时,记下你独自或与他人一起完成的任何"额外"项目。最重要的是要做好准备。

3.如果你得到了很好的评估结果,但却没有加薪,那么你就需要知道原因。如果经济不景气,或者公司情况不好,那不是你的错。也许在这种情况下,应该适当地提高生活费用。如果无法加薪,你也可以提议增加福利,比如更多假期、一个新头衔、更好的保险条款等。

4.如果你的要求被拒绝，那么你需要问问为什么。答案可能让你不愉快，但如果公司认为你做得不好，了解情况总比在不知情的情况下继续工作要好。
5.如果你看到同时入职的人都在升职，而自己却没有得到应有的认可，那么就该要求进行一次评估。根据角色的不同，每个办公室都有自己的节奏以及一定程度的压力；你可以感觉到公司是否经营得很好。
6.你可以根据主理人的情绪、闭门会议的次数、新项目的数量来判断。无论麻烦涉及个人还是集体，大家都能觉察到。在建筑事务所里没有秘密可言。
7.如果公司没有给你加薪或增加生活费，但你理解公司对你的表现做的评估结果，你也认为自己未来有发展潜力，那么坚持下去，努力工作。然而，如果你没有得到加薪或增加的生活费，而且你对评估结果不满意，那么你就应该更新作品集和简历，开始找新工作。

更新你的作品集、简历，准备面试

接下来，我们讨论一下如果你决定离开公司，需要做些什么。在这种情况下，与你见过的人和能帮助你的人保持联系。我见过很多实习生和建筑师按学科制作个人和职业联系人的动态清单。当你临时需要一封推荐信或其他推荐时，能用一通电话找到合适的人是很重要的。

与他人见面的时候，一定要询问对方你是否可以在找新工作时将他/她作为推荐人。询问对方是否愿意接到电话，就你的能力进行讨论。你可以在需要时这样操作，或者得到全面的批准，随时使用。

申请现在工作时使用过的作品集应该有新内容可以添加。永远在作品集中首先展示你最新的作品。不管雇主是否这么认为，所有员工保存图纸和照片就是为了这个目的——更新作品集。除了经手项目的设计图和照片，为每个项目制定一个指标资料页。否则，当面试官问你某个项目有多大，外墙材料是什么，或者你用的是哪个厂商的窗户时，你的表情会很尴尬。面试官可能会把你的知识缺乏理解为你没有参与这个项目。

在资料页上准确地陈述你做了哪些工作，包括你所有的任务和责任，这样会让面试官一目了然。如果你用与简历相同的格式呈现这些信息，那么保持所有信息的更新状态就变得非常容易了。即使你现在的经验比当初申请工作时有所增加，你的简历还是要控制在一页纸之内。其他形式的简历可以稍长一些，但我认为在普通的建筑行业面试中，它们不是必需的。

第十一章

开启创业的冒险之旅

对于那些计划创办自己的建筑或室内设计公司的人来说，想想你希望别人如何看待你和你的服务，是领导者、专家，还是权威。这样，当你为一项潜在的任务推销自己时，你能从实力而不是销售的角度来展示自己。

在建筑领域，并不是每个人都能成为设计专家，并以获奖项目展示自己。但是，你可以非常了解建筑流程，了解如何在预算内按时完成项目，或者成为设计专业建筑（如学校、医院或住宅）的专家。

客户可以从很远就辨认出销售人员，像我们大多数人一样，客户也不愿信任他们。另外，当一个人因为他/她建立的、写的或教授的东西而被认为是某一学科的领导者或权威人物时，我们会对他们所说的内容有所期待。

我鼓励你对这部分中的内容加以运用，从最好的角度展示公司的项目潜力和员工能力。

从头开始

人们常说："如果我知道要花这么长时间或者要这么多钱，我绝对不会做这件事。"回想1980年创办CPG建筑师事务所的时候，当时我还不知道自己在做什么。尽管如此，如果让我重新选择，我还是会毫不犹豫地再做一次。然而，如果当时有一本这样的书，对如何组织我的想法，如何选择办公室和如何突出优势提供建议，对我来说会是无价的。

像其他人一样，我在创业之初并不清楚这将涉及什么，需要多长时间，多少花费，以及给我的家人带来多少困难。这是对糟糕经历做出的一种本能反应，幸运的是我的最终结果是好的。

1979年底，鉴于和老板的不愉快经历，我知道我在美国运通的日子要结束了。那是11月的一个星期五，我就这样离职了。那天晚上，我和妻子去布朗克斯的多米尼克酒吧见朋友，没人知道我的情况。我乘地铁从城里过来，和我的妻子、朋友们一起吃了一顿美味的意大利晚餐。在我们坐下来点了饮料之后，我宣布我不再在美国运通工作了，出于某种原因，每个人都欢呼祝贺我。我们点了香槟，为我获得自由干杯。那之前我没有意识到，这份工作中的不愉快已经被我暴露了多少。

不可避免地，我被问到“你下一步想做什么？”，我毫不客气地回答说：“自己创业。”那个周末我做了一个简单计划，周一我开始和朋友谈论这件事，问他们：“我该怎么做”和“我的决定会带来什么”。

我得到的最好建议

朋友们听说我打算创业，给了我很多想法和建议。其中只有少数人真正开始了自己的生意，没有人建立过建筑公司，所以我得到的建议五花八门。

最好的建议来自康涅狄格州斯坦福德高纬物业(Cushman and Wakefield, C&W)的经纪人迈克尔·西格尔(Michael Siegel)。高纬物业为美国运通公司提供纽约市的房地产服务，因此我与他们在斯坦福德的办公室负责人取得联系并进行会面并非难事。迈克尔对公司业务有着全面的了解，知道各个公司需要什么样的服务，当然也知道我的竞争对手以及他们的能力。

迈克尔的建议让我很惊讶。他说的话听起来很简单：理解是什么让不同的学科运转起来——尤其是你的竞争对手，最重要的是，找出你可以为别人提供帮助的点。迈克尔觉得我不应该马上出去找一个项目，因为那样我就会忙于做那个工作，而错过了在市场上与别人见面的机会，也就错过了与竞争对手进行比较的机会。迈克尔没有说的是，我应该这样做多久。这就像你的股票经纪人或你的朋友推荐一只上涨很快的股票，但他们不告诉你该何时抛售。迈克尔说的话听起来很简单，但做起来很难。我想，怎样才能找到这些联系人呢？怎么向别人介绍自己呢？我应该先给谁打电话？如果我们见面了我该说些什么？我应该要求去他们的办公室，还是约他们一起吃早餐或午餐？我应该向他们展示我在美国运通工作的哪些内容？我应该提起在CRS建筑师事务所的工作经历吗？大多数建筑师采用的是两种创业方式：

> 1.你离开了一家建筑公司，成立一个新公司，通过带走旧公司的一些客户作为新公司的初始业务。当你以这种方式创业时，至少你了解市场上的重要参与者，也对营销，提案写作，简报、计费和制作有所了解。
> 2.当你像我一样，开始的时候没有联系人，也不认识市场上的任何人。尽管迈克尔的建议很明确，这项任务还是相当艰巨的。

我需要尽快找到一种方法，与多种不同类型的兼容型专业人士见面。无须赘言，作为一个有两个孩子，住在格林威治的一栋正在装修的房子里的38岁的年轻人，我还没有能够支持创业的存款。这个机会突然出现，证明没有钱这个小细节让事情变得很困难。我也知道"只是认识一大堆人"是没有用的。我需要认识一些能帮我起步的人。我还知道，如果对方能够受益，他或她才会提供帮助。我的想法是建立一个由为各大公司提供咨询的专业人士组成的网络。我把这群人称为"独一无二"。这个称呼和公司最初的名字相吻合——The Corporate Planning Group（公司策划团队）。我觉得网络应该涵盖下列各类咨询公司：

- 房地产
- 工程
- 施工
- 市场营销
- 制图
- 景观
- 选址咨询
- 声学
- 照明
- 搬家
- 开发
- 家具经销
- 电话
- 安保
- 法律
- 视听/技术

把这群人召集到一起并不像我想象得那么难，因为在找到第一个人之后，每个人都推荐了更多的人。在“领导/营销组”的概念流行之前，我就这么做了。

最初的几次会议内容丰富，大家分享了关于市场、重要参与者和潜在项目的许多知识，因为他们知道这些信息不会传播给竞争对手。我长期结交了一些很好的朋友和联系人，甚至得到了一些资源，得到了做简报的机会。我没有从推荐中收获任何具体的工作，然而，这是一个建立人脉的好机会，在这个过程中我收获良多。

我的第一个项目实际上来自我妻子的一个朋友，我的事业从此起步。那是一家律师事务所在斯坦福德的分公司。我花了6个月的时间才得到这第一份工作，尽管我很努力，也很有经验，但我的新公司没有完成过任何项目。没有人听说过我的公司。

最终，我弄清楚了房地产经纪人想要什么，客户想听到什么，以及我需要如何定位我们的服务以创造价值。第一年结束时，我们有了10个项目。

数量惊人的工作推荐相互关联

建立一份项目/客户推荐名单不仅在公司成立之初很重要，而且在公司的整个业务生涯中都很重要。每当项目完成时，记得询问客户，是否愿意做你的推荐人，以及他们项目的完工照片（可能显示他们的名字）是否可以在你的营销工作中使用，这是很重要的。

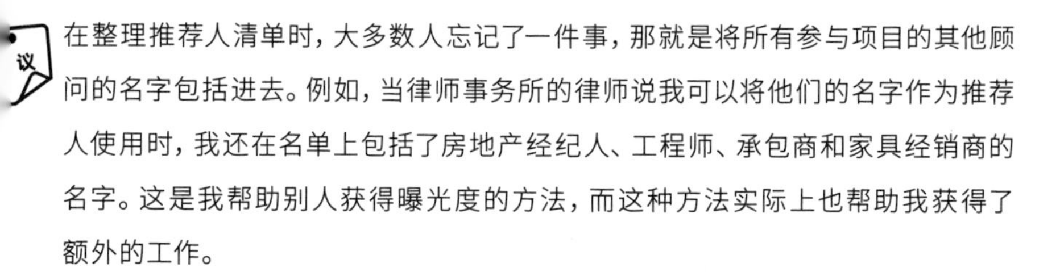

在整理推荐人清单时，大多数人忘记了一件事，那就是将所有参与项目的其他顾问的名字包括进去。例如，当律师事务所的律师说我可以将他们的名字作为推荐人使用时，我还在名单上包括了房地产经纪人、工程师、承包商和家具经销商的名字。这是我帮助别人获得曝光度的方法，而这种方法实际上也帮助我获得了额外的工作。

营销：创建作品集

没有良好的设计，就没有人愿意雇用你的公司；没有良好的项目管理，公司就不会有回头客；如果没有适当的财务管理，公司可能会破产。

我想说的是，你需要在公司业务各个方面的市场营销中保持平衡。在你的职业生涯中尽早培养营销技巧，是你能帮助自己在创业中日渐佳境或者培养自信的最重要的事情。

所有的建筑和室内设计公司都有4个主要职责：

1.市场营销。
2.设计。
3.项目管理。
4.财务/办公室管理。

大多数公司有3种营销方式：

1.直接营销，包括：
· 无预约电话——拿起电话打给你认识或不认识的人
· 给你不认识的人写信或发电子邮件
· 有针对性地邮寄——将特定的营销材料邮寄给意料之外的人

（记住，除非你营销的主题在市场上非常热门，直接营销的回复率一般低于1%。）

2.间接营销，包括：
· 社交媒体，包括公司网站和社交媒体账号
· 公司内部个人撰写的文章
· 公司博客，包括项目案例研究
· 客户和供应商的聚会（不要忘记供应商）
· 演讲
· 加入网络或社区团体
· 参与志愿者活动

（除非营销主题非常具体，在发送邮件时说明你有一个新的职位或者说明未来计划，间接营销的回复率大概是1%～2%。）

3.直接帮助（长远来看最好的方法）：

- 给被指派任务的人提供直接帮助
- 说别人的好话
- 当机会落地变成了项目，将信息告诉别人
- 帮助失业的人获得面试机会，能获得一份工作则更好
- 针对一个公司获得的新工作进行推荐

当你将直接帮助作为你营销策略的重点时，回复率可能是最高的。

作品集

你的作品集需要由两个部分组成：

- 第一部分，描述你是谁，包括你公司的目标、服务范畴、工作方法、流程、客户推荐等。不要忘记向你的团队成员索取合作项目的参考资料
- 第二部分，描述你做过的工作

我发现客户对这两种信息都很感兴趣。尽管我的“已完成”作品集里的内容非常少，幸运的是，我是谁，我在美国运通做过什么工作，以及我对企业客户在寻找什么的理解，帮助我找到了很多工作。在项目/客户列表中将其他团队成员包括进来好处多多。首先，它让名单看起来更丰满；其次，潜在客户通常会认识其中一个或多个客户，这样就在默认情况下给了我信誉。

行政管理流程

一些简单的事情耗费的精力可以让人非常头疼，比如写信、寄信、复印、打印手绘图、使用送货服务、支付账单、记录费用和准备营销材料。每周工作80小时或以上是常态。我试着每天都和客户打交道，做项目，做市场营销。晚上和周末则用来进行办公室管理和绘图。

我回想起那些旧时光，没有手机、电脑、办公软件、打印机、联邦快递、传真机，以及我们现在认为理所当然的无数其他商业工具。简报都是拼贴形式的，需要为了第二天早上的会议冲到打印机前做大量的复印。与在CRS建筑师事务所工作时类似，我做了很多简报，用的是一卷卷的牛皮纸。这些简报都很成功，产生了很大的影响，制作迅速，不需要复制。不利的一面是错误出现的时候是无法改正的。

利用过去的经验

正如我在第一部分所写的，你的每一段经历，即便是暑期工作都很重要。每一种经历都建立在另一种经历的基础上，组成了你的故事。我的就职经验，比如美国运通这种在125个国家拥有3500家分公司的大企业，的确令人兴奋。每一天都是新的经历、新的体验，每个人都不一样。你想要付出多少努力直接关系到你能收获多少。也许每个在建筑行业当学徒的人都应该在房地产、设施管理或设计部门工作一段时间，积累管理工作以及在内部及时回应他人所需的第一手经验。

合作竞争

《合作竞争》是亚当·布兰登伯格和巴里·纳尔波夫合著的一本伟大著作。它是适合建筑师阅读的图书。

“合作竞争”是一个术语，用来描述专业服务人员在寻求新业务时相互合作，为了取得新业务时则相互竞争的现象。随着某个公司提供的服务不断提升，许多相关的同类公司自然而然地也将提供类似的服务。在建筑行业，我们经常看到建筑师与自带建筑师的开发商或公司内部有建筑师的设计/建造公司展开竞争。在室内设计行业，房地产公司和家具制造商/经销商有时也会协同努力拿下项目，有时这些公司又会为了同一个项目的一部分展开竞争。

以下是从《合作竞争》中摘录的内容：

如果客户了解其他公司的产品后，比只了解你的产品时对你的产品认可度提高，其他公司就是你的互补者。如果客户了解其他公司的产品后，比只了解你的产品时对你的产品认可降低，其他公司就是你的竞争者。许多人简单地假定商务规则——无论是正式的和非正式的——是固定不变的，不需要谈判，这是不正确的。你没有理由盲目地遵守规则——你可以在任何时候改变它们。记住，这种改变是双向的。在任何时候，你的供应商或竞争者也可以改变规则。他们不需要按照和你一样的规则行事。在市场上，有权力的一方得以制定规则[2]。

打造品牌

品牌的打造需要从你公司营业的第一天开始。你的名片、标识和营销材料必须清楚地代表你的身份，这是你品牌的一部分。

涉及品牌的视觉和有形材料是很重要的，但无形的东西，比如你对待别人的方式和你感谢别人的方式，会给人们留下更持久的印象。公司网站、社交媒体页面都讲述着我们的故事，以及我们为他人所做的事，比如公司为非营利组织做的贡献，以及公司所有员工每周进行的有益活动，这些事情表明了我们的立场。把你的时间和精力投入社区活动中，这些努力的影响深远，很少会被你的联系人和客户遗忘。及时更新你的社交媒体网站，上传最新的照片、奖项申请、通信文章或博客想法，参加的特别活动，或演讲活动。

打造品牌员工

在服务行业，员工是公司最有价值的资产。其次才是公司的品牌。你的品牌是你的公司与其他公司的区别，因为它是一种信任的承诺，是通过你的员工传递出来的品质，我将他们称为你的“品牌大使”。这些“品牌大使”在社交媒体上展示自己，做社区工作，代表着公司在项目中所做的一切。每个公司都希望这些大使清楚地理解公司想要表达的关于其产品和服务的信息。

公司应该鼓励和支持员工的个人活动，无论是癌症募捐跑的筹款活动，还是通过慈善机构为需要的人建造房屋，又或者是在当地的救济站做志愿者。为特定活动或团队购买衣服和帽子可以表明公司对其员工的支持。

2.亚当·M.布兰登伯格和巴里·J.纳尔波夫，《合作竞争》，初版，道布尔戴出版社，1997年。

市场调查显示，在员工敬业的公司里：

- 员工流失率降低51%
- 生产率提高18%
- 利润率提高12%
- 缺勤率降低27%

以下是我们发现在我们公司里效果很好的提升品牌意识的做法：

- 让所有员工参与公司的庆祝活动。庆祝胜利并表彰那些帮助公司实现目标的人
- 雇用热爱公司品牌的员工。从一开始就雇用合适的人，确保员工能够持续分享正确的品牌故事。雇用那些相信公司价值，并希望成为品牌故事一部分的人
- 区分。进行每个商业决策首先要考虑的是差异化。迎接挑战
- 优先考虑公司价值观。所有员工都应该体现公司的文化和价值观，比如关怀、正直、激情和乐趣

指标的重要性

创业之初，记住每个客户、每个项目、每个团队成员、每笔费用等情况是比较容易的。随着公司壮大，员工数量增加，使用一种快速查找项目信息的方法至关重要。在回复提案申请时尤其如此。提案申请或信息申请中的很多问题都涉及：

- 某一类型项目的数量、规模和费用
- 每个项目的地点和完成年份
- 基础建筑与室内建设的最终费用
- 每个项目中各具特色的康乐设施
- 项目团队名单/其他顾问
- 总承包商和分包商
- 客户推荐信息

在一个系统中，将这些信息以一种易于复制到提案申请中的格式保存，可以节省大量时间。一个提案申请模板应该包括所有的重要问题，以及你的标准答案。信息申请/提案申请中询问的许多问题都是类似的。

首先要做的是查找以前**没有**被问过的问题，并将它们添加到模板中。待到准备提案申请的时候，只需剪切和粘贴即可。不要在没有仔细阅读问题和答案之前，进行剪切和粘贴操作。你可能会因为使用了不恰当的回答而感到尴尬。

制作指标体系是为了快速找到花费在项目上的小时数。每个员工和每个阶段所花费的时间可以让你知道如何定位你的费用，如果你还跟踪项目的赢利情况则更是如此。

制定指标对于帮助团队记住之前项目的信息也很重要。例如：

- 记住空间的使用情况——类似的项目类型中人均的空间可用面积或可出租面积
- 了解在以前的项目中使用的家具制造商以及可用面积的单位成本、人均成本或每个配置单元的成本
- 记住幕墙、窗户、地板、天花板和五金器具等重要材料的信息，在设计新项目时很有帮助

对工作人员来说，了解在以前的项目中使用了哪些顾问也很重要。注意分配给每个咨询公司的项目数量。如果可能的话，将业务分散开来，这样就可以形成更大的推荐人资源库。有些指标你可能想要保密一些：

- 与去年相比每个月、每年的收入
- 每个员工每月的收入
- 每月开销
- 项目赢利能力（了解哪些项目需要更密切的关注）
- 按阶段划分项目（了解是否有项目落后于计划）
- 待办事项——按类型和大小分类
- 应收账款和手头现金

与可能推荐公司的潜在客户或朋友进行非正式的会面时，了解自己的指标也很重要。准备好随时可用的信息对于保持有效管理也很关键。在你的手机或平板电脑上保存相关的项目照片是非常必要的，当别人谈到某种观点时，可以即刻将照片发送给他。

> 这一切的重点就是时刻做好准备。

老客户和新业务

老客户是我们能拥有的最好的业务资源，我在工作中也一直都抱着这样的希望。我们每年有超过75%的重复业务，经过一段时间之后，你会觉得自己是在和家人一起工作，这种感觉很好。我觉得每个人都知道有回头客的好处，但让我来列举几个：

· 与拿下新客户相比，所需的营销资金要少得多
· 熟悉流程和程序，因此减少了学习的需要
· 理解预期
· 友谊继续

消极面（是的，也有消极的一面）：

· 重复项目通常会降低单位面积的费用或产生合同相关谈判
· 客户经常要求与相同的团队成员合作，哪怕这些成员可能也需深入参与其他工作
· 团队成员可能会因为重复工作感到筋疲力尽
· 大量的回头客会导致寻找新客户的营销工作减少——将回头客控制在业务量的40%是一个很好的目标

获得重复工作的主要原因是事务所的优质服务和设计，这并不意味着事务所应该沾沾自喜，而应该谨记不断通过以下方法，提高与客户关系的质量：

- 让客户了解关键的行业发展、流行的设计理念和新技术。事务所需要了解成为优秀供应商和成为战略合作伙伴之间的区别。战略合作伙伴总是把客户的项目问题放在最重要的位置，并会针对最新的思考发表相应看法
- 分享案例研究、最佳实践和促进设施管理应用和绿色倡议的新想法

颠覆和被颠覆

在前面的章节中，我谈到了个人可以通过做超出预期的事情成为公司的颠覆者。接下来介绍事务所如何做更多的事情来引起关注，并在竞争中保持领先。

每一位新老板在开始新业务时要做的第一件事就是制定一个营销计划。这个计划的一个重要部分就是列出公司计划提供的服务。在网站上，这个列表通常是按字母顺序排列的，因此错过了展示其他好处的机会。下面一些想法，对你的客户来说会更有趣。

你的服务可以通过以下方式进行组织：

- 阶段提供：策划、方案设计、深化设计、施工图设计、施工评估、入住、验收
- 项目类型——建筑或室内
- 旨在节省金钱或时间的服务
- 提高效率、灵活性或协作的服务
- 提升客户品牌的服务

成为颠覆者——在主要项目完成后提供创新服务。有许多类型的服务，可以按月计费，这将在项目结束后很长时间维持你的现金流。确定你可以与他人协作提供的服务。将传统的建筑服务与顶级的房地产公司服务进行比较时，你会发现在很多领域存在重叠。当你评估许多顶级家具制造商/经销商提供的服务时，也会发现相同的情况。与这些公司接洽，并提出在一些服务上进行合资经营。如果他们同意，至少你会得到一部分费用，而不是让全部收益归他们所有。

以下是一些家具制造商为他们的服务所做的广告：

我们的设计服务免费

只需提供预算和目标，我们将帮助你完成其余的工作。我们的全套服务将帮助你走过每一个步骤，从项目管理和空间规划到交付和安装。最重要的是，这些服务对你来说是免费的，这是你购买家具附带的免费服务。

与免费服务竞争是非常困难的。对于房地产公司也是如此，许多公司提供类似的服务，作为被选中提供租赁/购买/销售服务的奖励。

他们提供非责任类型服务，如：

- 顾问选择、投标和合同谈判
- 建筑比较
- 建筑/系统分析
- 规划和空间预测
- 工作策略
- 项目管理
- 施工前定价和投标
- 家具招标与采购
- 项目结清
- 租赁管理
- 设备管理

建筑师应该提供这些赢利服务。上面列出的非责任类型服务可以很容易地与准备施工文件、投标书和规范等传统的“重责”建筑服务中分离出来。

那么建筑师应该做些什么来抵销服务和收入的损失呢？

1.继续在你的提案中增加额外的赢利服务，作为基本服务或额外服务内容。

2.开始提供后续服务，与客户保持联系。这部分内容在后续服务中有详细介绍。

3.学习与房地产公司合资经营。房地产公司内部可能没有足够的人力，需要与人合资经营——那为什么你不可以呢？

指导

每个办公室都应该为员工设立一个指导计划，让同事们之间讨论想法，检查工作，并学习新的技术技巧。随着员工积累了更多的经验，原来的导师的作用将会减弱，这时可以由提供另一层次或另一种经验的新导师取而代之。到目前为止，指导是帮助员工成长的最好、最快的方式。记住，指导是双向的——要么你指导别人，要么你被他人指导。指导不应该被视为“监督”，尽管指导和监督都能提供有用的建议。指导更像是“开发”。有些公司把那些在特定职能或任务上帮助别人的人看作是他们工作的附加内容。过去，老板的角色更多的是放手不管。但现在，认为积极参与员工的职业目标和职业发展是老板的责任。为了成为一个关心他人的导师或老板，一件很重要的事就是重新审视自己如何管理自己的时间，以便满足他人需求。一个人自愿离开公司的主要原因之一是有一个糟糕的老板。

我们要求所有员工阅读他们正在负责的项目的合同，阅读所有的收发信件。这是了解正在发生的事情的最好方法，也是了解全局的最好方法。

全方位思考

曾在企业的房地产部门从事过设施管理工作的建筑师清楚地知道，在一个建筑项目或室内项目完成后，后续管理服务是多么困难。当咨询团队已经调到其他项目时，无法再针对微小细节进行更改，情况十分艰难。

大多数建筑师专注于主要项目，对于开发应用程序协助公司的日常琐碎工作关心甚至感兴趣的人都很少。建筑师都在等待下一个大型项目。因此，后续工作计划可以从多个方面使你的公司受益良多：

- 首先，这项工作通常是按小时或按合同进行的，没有折扣，也没有投标要求
- 其次，你可以与客户建立一种长期关系，让自己在其他房产中处于帮助客户的位置。将供应商/顾问关系转换成战略伙伴关系会带来很多好处
- 第三，你会知道下一个项目什么时候开始，情况好的话，可以不通过竞标得到这份工作
- 第四，后续工作计划可以从收费服务变成认购服务，而且可以持续几年之久
- 第五，从员工和财务的角度来看，持续的后续服务消除了传统的建筑事务所的高潮期和低谷期

它的负面影响是，许多建筑师只想做新的项目，而不是重新处理已完成的项目。坦率地说，有些人看不上做调整这样的工作。对于在建筑学院学习了五六年设计的建筑师来说，设施管理不是一个让人感觉积极的词语。它只是你在学校学不到的一门关于“现实世界”的课程。

CPG建筑师事务所是一个完美的案例研究。我在1980年创立了CPG建筑师事务所，为纽约、新泽西和康涅狄格的企业提供建筑及室内设计服务。在最初的大约10年时间里，所有工作都涉及手工：制图、打字、计算等。正如我在关于美国运通的章节中所说，在美国运通工作时我一直想根据我的需要设计一个计算机系统。它将使客户很容易跟进和报告空间、人员、家具和设备发生的变化。作为一个员工，你需要及时回答管理层的问题。

在20世纪90年代早期，我们没有买一台带有AutoCAD的电脑，而是买了一台带大尺寸显示器的Mac电脑和一个叫作Aperture的程序。Aperture是一个绘图应用程序，用户可以用它绘图，创建记录并添加到绘图对象上，然后报告数据。由于不需要编程，创建应用程序的灵活性是无止境的。多年来，我们使用Aperture来完成公司所有的项目设计图，包括光盘。随着任务接近尾声，准备好的设计图已经可以用来推销设施管理服务。基于我之前的经验，全方位思考对我来说是很自然的。

事实证明，困难在于公司不愿意从建筑公司购买计算机服务。为了解决这个问题，我们成立了一个名为Link Systems的房地产软件子公司。Link Systems是一个独立的公司，提供设计、服务和销售租赁管理、设施管理和项目组合管理的应用程序。

公司需要创造性地在主要项目完成后提供额外服务，而不是用传统的线性思维——得到一份工作，完成它，然后等待下一个工作邀请。

大客户需要的建筑师和室内设计师能提供规划和实施日常移动、添加和更改服务；执行空间分析；计算退款；执行平面图再堆叠服务。这些有意愿、有能力，并认识到后续服务重要性的公司运营得非常好。

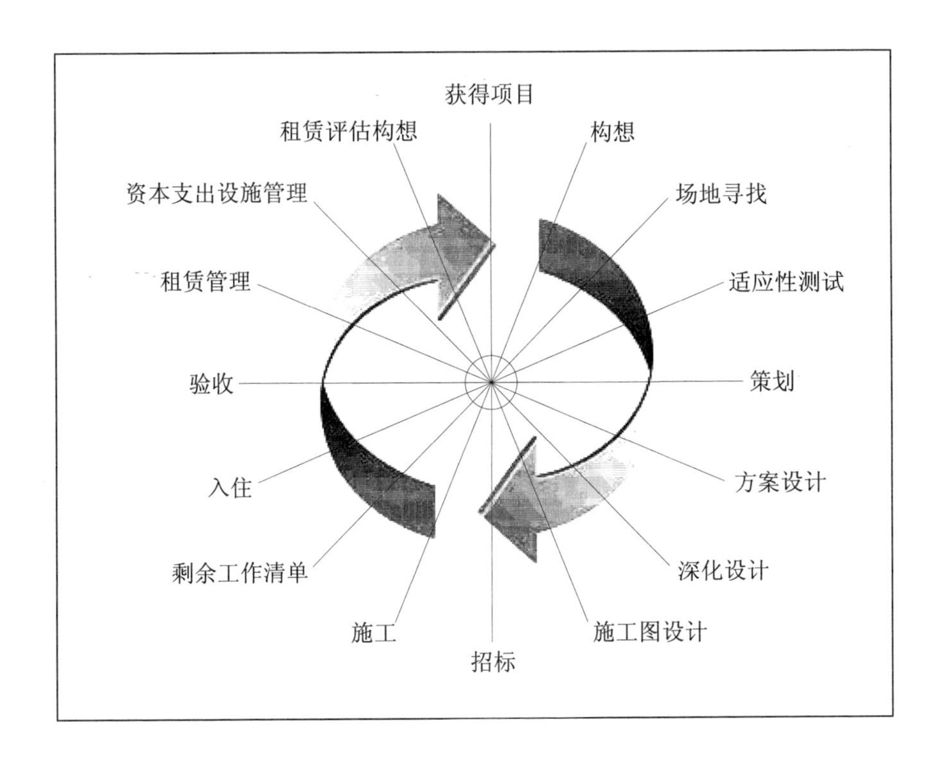

快进到2018年

Link Systems公司取得了广泛的成功。多年来，已经有500多家企业使用了它的设施管理系统，还有700多家大型公司使用ProLease程序来管理他们的租赁房产和持有房产。我们为ProLease程序增加了工作指令/预防性维护和设备租赁模块，使其成了强大的集成房地产应用程序之一。此外，我们继续经营的投资组合经理类产品，为建筑业主跟踪和报告数十万平方米的租户租赁空间。

如果想扩展服务和保持竞争力，建筑师必须开始全方位思考。正如我前面提到的，“无责”服务正在被其他专业人士侵蚀。美国建筑师协会和国际财务管理协会需要采取积极措施，改变从业的年轻会员们的工作重心。

供应商与战略合作伙伴

这可能是书中所有提示和建议中最重要的。除非你曾经当过客户，否则作为建筑师你很难了解成为战略合作伙伴是多么重要，又多么容易。让我们先看看二者的定义。

供应商：供应商是任何向公司或个人提供商品或服务的人。大多数建筑公司和设计公司、工程师、承包商、家具经销商等都属于这个类别。他们根据合同，按进度和预算提供优质的专业服务，同时也错过了大量的额外服务机会。

战略合作伙伴：战略合作伙伴是“打了兴奋剂”似的供应商，知道何时以及如何按照远超合同规定的标准执行交付，通过交付额外的项目指标来帮助公司的设备经理积极处理内部管理事务。战略合作伙伴学习如何将主项目中使用的信息重新打包，以便形成在未来有使用价值的内容。

建筑师得明白他们需要提供一种十分不同的服务才能被视为战略合作伙伴，只有这样，费用才不会作为一种商品来计算，而是像其他专业人士那样，以价值计算。我认识的大多数建筑师都将项目视为“一次性的”，管理人员强调员工要遵守合同中的要求。当员工从一系列的任务中偏离，有时甚至是应客户要求，开始做合同之

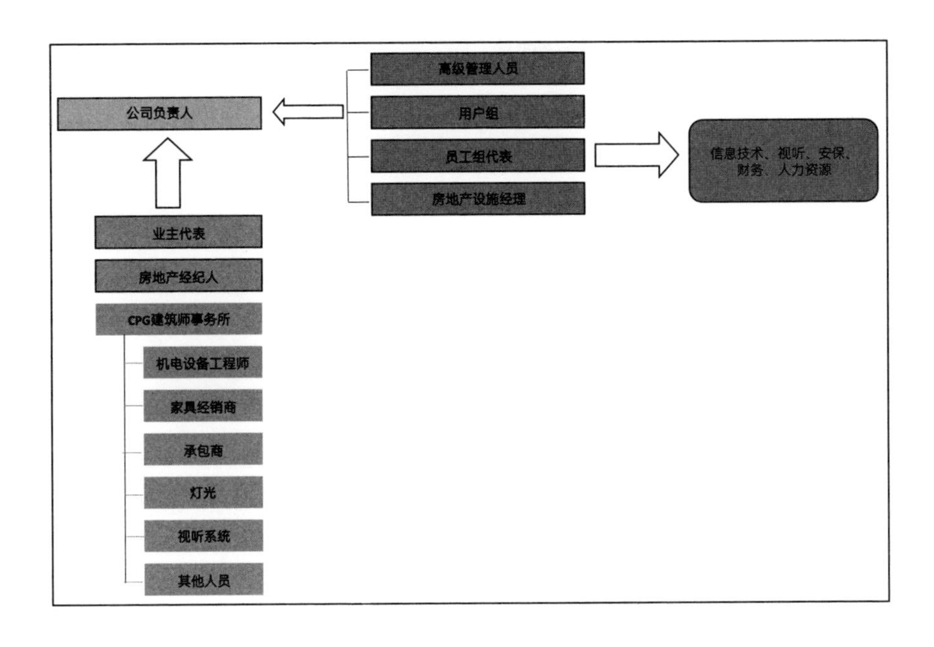

外的工作，所花的时间可能无法产生费用，而所损失的时间可能给按时完成工作带来影响。

每个人都有老板。与你打交道的公司负责人当然也不例外，在整个项目过程中以及项目完成后，很可能会有许多人向他或她提出指示和接连提问。在为任何项目准备提供服务的过程中，建筑师都要收集大量的信息，这些信息应该重新整理并返回给客户的负责人，以便他们能够及时回答管理人员的后续问题。下页列出了我在美国运通公司担任规划和设计总监期间几乎每天都被问到的一些问题。准备好现成的信息是事业成功和受人尊敬的关键。

建筑师需要问他们的客户联系人，会问到什么样的问题，以便提供相关数据。下面是我每天都要做好准备回答的一些问题：

企业房产和设施经理常被问到的问题

租赁相关问题：

- 我们的租约什么时候到期？
- 我们有提前终止合同的选择吗？
- 我们有扩建的选择吗？
- 我们有续约的选择吗？
- 我们剩余的租赁义务是什么？
- 我们有权转租吗？
- 明年有哪些重要的租约到期？
- 租赁的通知日期是什么时候？
- 明年的员工人事/空间预测是怎样的？
- 明年我们需要配合发展租下更多的地方吗？

购买/建造相关问题：

- 建造这个建筑花了多长时间？
- 我们每平方米的场地/收购费用是多少？
- 每平方米的核心和外壳费用是多少？
- 每平方米可用空间的内部装修费用是多少？
- 每平方米可用空间的家具固定装置和饰面费用是多少？
- 所有顾问费用占总费用的百分比是多少？
- 按总平方米计算，每个工种的费用是多少？

空间相关问题：

- 剩余的空间可以再分租吗？
- 细分费用是多少？
- 每个建筑的空间利用率是多少？
- 每个建筑可用面积与可出租面积的损失系数是多少？
- 我们需要寻找25个人的空间，都有哪些选择？
- 每组人员占用多少空间？退款是多少？

进度相关问题:

- 什么时候需要员工的参与来启动项目?
- 什么时候需要建筑师加入?
- 我们能按计划入住吗?有什么是不能完工的?
- 什么时候能全部完工?什么时候需要我们提供座位表?
- 我们的员工搬迁计划是什么?

成本相关问题:

- 翻新的成本是多少?按可用面积/可出租面积/总面积分别计算
- 这个项目上我们的总费用是多少?按可用面积/可出租面积/总面积分别计算
- 我们是否保持在拨款申请范围内?
- 按工种划分的费用明细是什么?
- 以可用面积/可出租面积为单位,家具费用占总费用的百分比是多少?

成为战略合作伙伴的价值

当你学到一些对客户业务至关重要的东西,并被视为"成员之一"时,你就已经获得了合伙人身份。你知道自己被困在一个买方市场里,似乎没有人听取你的想法,你的客户认为你是可以替代的。所以,让自己变得有价值,你会得到回报。以下是成为战略合作伙伴的一些明显好处:

战略合作伙伴会及时收到钱款。供应商有时不得不在工作完成后等待很长一段时间,才能收到钱款,同时面临严格的进度限制,并可能因错过截止日期而受到惩罚。

战略合作伙伴以合作与开放交流的精神与客户交往。供应商会在客户想让他们知道的时间得到客户想让他们知道的信息。

战略合作伙伴与客户建立信任并致力于实现双赢的关系。供货商被严格控制，而且经常被要求完成超出工作范围的内容而不给予额外补偿。

战略合作伙伴专注于持续提供可衡量的，与业务目标和价值一致的成果。供应商对与任务相关的计费时间负责，通常与战略业务目标无关。

战略合作伙伴受邀帮助制定议程。供应商被告知客户想要完成的工作。

战略合作伙伴靠已被证实的专业知识、商业价值和文化契合度来赢得业务。供应商通过降价来获取工作，他们愿意做出让步，并希望未来能获得更具赢利性的工作。

战略合作伙伴也是普通人：他们会犯错误，也承认错误，并会因此被原谅。供应商必须非常密切地关注自己的行为，而且很可能会在犯错误时遇到麻烦。

战略合作伙伴被视为顾问，跟客户说得上话。供应商被视为一个潜在的对手，如果管理不当，可能会引起麻烦，然后会被解雇。

> 你**希望**与客户建立的关系不是供应商的关系，而是战略合作伙伴关系。

这里有一种方法可以在项目完成后将有价值的信息反馈给你的联系人。回馈有价值的信息是一个好的供应商或服务提供商和一个战略合作伙伴之间的区别。

资本支出计划是什么？

资本支出（CAP　EX）计划包括企业评估长期需求和评估**长期**业务需求所依赖的人员和程序。将需求与长期计划和业务增长目标进行比较，可以帮助企业确定优先级，并为资本性资产购买制定计划。在某些情况下，这就像检查屋顶一样简

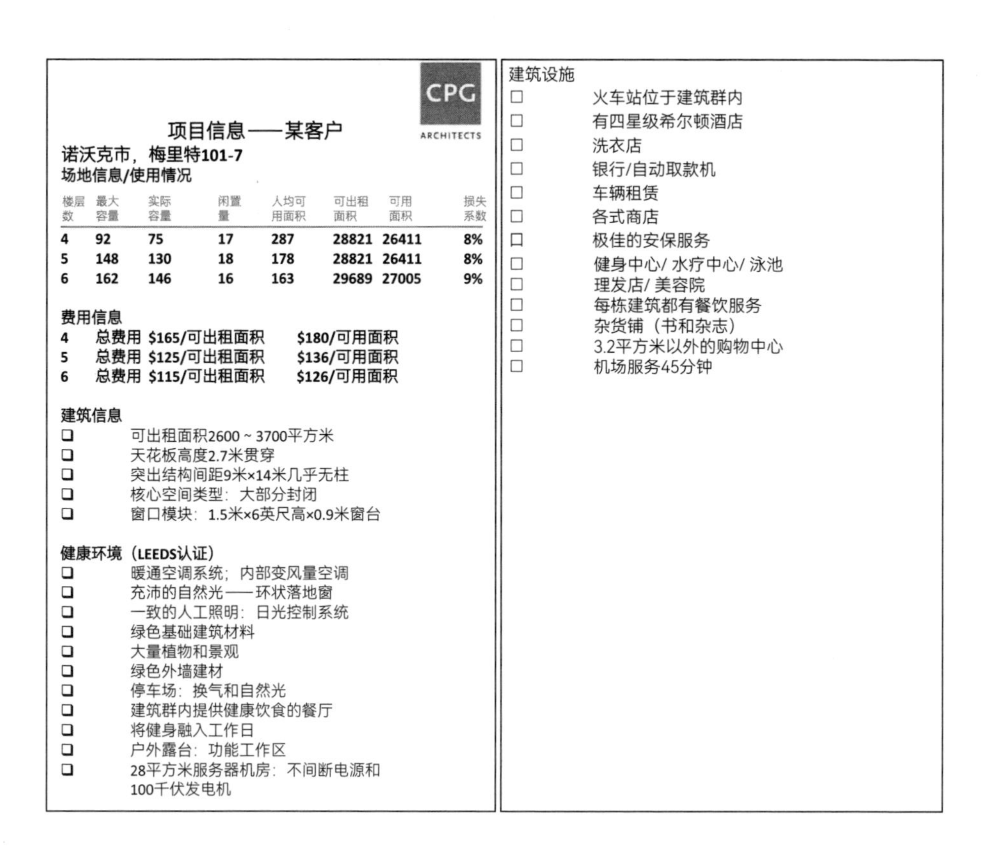

项目信息——某客户

诺沃克市，梅里特101-7

场地信息/使用情况

楼层数	最大容量	实际容量	闲置量	人均可用面积	可出租面积	可用面积	损失系数
4	92	75	17	287	28821	26411	8%
5	148	130	18	178	28821	26411	8%
6	162	146	16	163	29689	27005	9%

费用信息

4 总费用 $165/可出租面积 $180/可用面积

5 总费用 $125/可出租面积 $136/可用面积

6 总费用 $115/可出租面积 $126/可用面积

建筑信息

- ❑ 可出租面积2600 ~ 3700平方米
- ❑ 天花板高度2.7米贯穿
- ❑ 突出结构间距9米×14米几乎无柱
- ❑ 核心空间类型：大部分封闭
- ❑ 窗口模块：1.5米×6英尺高×0.9米窗台

健康环境（LEEDS认证）

- ❑ 暖通空调系统；内部变风量空调
- ❑ 充沛的自然光——环状落地窗
- ❑ 一致的人工照明：日光控制系统
- ❑ 绿色基础建筑材料
- ❑ 大量植物和景观
- ❑ 绿色外墙建材
- ❑ 停车场：换气和自然光
- ❑ 建筑群内提供健康饮食的餐厅
- ❑ 将健身融入工作日
- ❑ 户外露台：功能工作区
- ❑ 28平方米服务器机房：不间断电源和100千伏发电机

建筑设施

- ☐ 火车站位于建筑群内
- ☐ 有四星级希尔顿酒店
- ☐ 洗衣店
- ☐ 银行/自动取款机
- ☐ 车辆租赁
- ☐ 各式商店
- ☐ 极佳的安保服务
- ☐ 健身中心/ 水疗中心/ 泳池
- ☐ 理发店/ 美容院
- ☐ 每栋建筑都有餐饮服务
- ☐ 杂货铺（书和杂志）
- ☐ 3.2平方米以外的购物中心
- ☐ 机场服务45分钟

单：评估剩余使用寿命和更换费用，然后按优先顺序添加到资本支出计划中。然而，在其他情况下，资本支出计划可能要复杂得多。例如，升级信息技术基础设施通常必须分几个阶段进行规划，可能跨越几个月或几年的时间。

明年需要做哪些项目？根据比对基础设施费用、翻新费用和新建费用列出的预算和进度表又是怎样的？

建筑师（有时与其他人联合）应该为企业提供这种服务，可以将这种服务视为未来工作的后续清单。完成得好，会增加建筑师未来的工作，而且通常是在不竞价的情况下不按固定费用计费，而是按小时计费。

管理现金流

我所读到的有关失败企业的所有信息都表明，它们缺乏足够的启动资金或者是没有很好地管理现金流。除非产品或服务存在一些实际问题，收入的管理对健康地运营一家企业至关重要。

在我运营公司一年左右的时候，我问公司会计我该怎么做才能更好地处理开支，最好还能减少开支。我想弄清楚资产负债表上每一项支出类别中适合的花费是多少。答案让我大吃一惊。会计说，“将99%的时间花在项目和获得新业务上”，让合格的人来管理费用，就不会有问题的。**不要事无巨细地管理费用。**

我很幸运，有一个合格的人——我的妻子——负责财务管理，所以我按照公司会计的建议去做了，而且从来没有后悔过。我一定是全美国为数不多的从未签过支票的人。我们还有一位出色的首席财务官，他管理办公室和财务大约25年的时间。我的妻子在工作了10年之后辞职，为一家国际拍卖行开了一个艺术鉴赏班。之后，我则安排我能找到的最优秀的人来处理日常财务，将这种制胜的工作方法延续下去。这样我就能专注于与人建立联系，实现业务增长。

我认识的大多数建筑师都会经常抱怨需要做的办公室管理内容。**我则没有这种烦恼。**我会偶尔检查，但一般来说，我把这些工作职能留给别人。我们的首位会计给出的一个建议是尽可能在每个月的第一天开出账单。做到这一点需要发挥比你想象得更多的组织工作：拿到工作时间记录表，核对项目报销费用，算入分包商的发票。还需要一些我们研发出来的特殊技术，手动系统对我们来说是行不通的。

每个月的第一天，我们的高级职员审查发票草稿，做出必要的更新或修改。然后，按下一个按钮，打印发票和相关的报销页面。我们把及时付款归功于这一系列的努力。

以下是我们公司支出的分解信息，分别是我们认为固定的费用（不可任意支配，79%）和我们可以控制的费用(可自由支配，21%)：

不可任意支配类

工资	设备租赁
租金	法律/会计/招聘
商业保险	利息
商业税	维修/维护
电话	折旧
货运/邮资	专业许可证费用
办公用品	

可任意支配类

奖金	培训
客户承包人力	利润分成
公司汽车	捐赠
公关和广告费用	商业信用卡费用
差旅	会费
餐饮和娱乐	分包商/互联网/软件维护

专注于市场营销，获得新业务和老客户，并让一个合格的人管理日常开支。

风险管理

风险是一个非常广泛的主题，无法仅用本书的一段内容来讲述这个话题。关于建筑行业风险主题的权威图书是詹姆斯·阿特金斯和格兰特·辛普森的《管理项目风险》，我强烈推荐这本书。首先，让我们把客户风险和顾问风险区分开。如果顾问对他们所建议的服务和他们打算采取的项目运行方式没有进行详细说明，客户可能会觉得选择这家公司过于冒险。简单地说，如果客户认为雇用你会承担太多风险，那么你就不必担心自己的风险。客户可以分为3种不同的类型，每一种都有需要注意的问题。

客户可以是：

- 选择自己运营项目的公司所有者
- 一个被指派来运行项目的员工
- 业主代表或项目经理

在每一种情况下，顾问都面临不同程度的风险。风险是顾问在决定费用、准备简报时需要讨论的内容。风险这个主题应该是简报的一个重要部分。

客户风险

- 这个项目将超出预算
- 项目将无法按已批准的时间进度完成
- 项目效果会与规划有出入
- 项目会有设计上的缺陷——有些东西可能不合适
- 设计可能没有为所需设备预留足够空间
- 所选材料的性能和耐用情况可能与计划不符
- 部分设计不符合建筑规范
- 机械系统与负载不匹配，设备噪声太大等工程缺陷

有很多事情可能是客户不喜欢的；有些问题不甚重要，而有些问题则存在升级的可能。业主代表其实有两个老板——分配项目的公司人员和管理团队。分配项目的公司人员可能只需要担心一个上级。在面试之前，很难找出客户是否有过打官司的历史，但试着找出答案也是说得通的。

顾问风险

顾问风险通常与客户风险相同，只是观察的角度不同。以下是我规避风险的方法：

1.组建顾问团队时，把你与客户签订的合同分享给团队成员：机电水暖、照明、声学、视听、信息技术、工程管理等，并让他们同意你的合同条款。当他们通过你或直接与客户接洽，自己准备合同时，他们应该完全引用你合同上的所有条款和条件。
2.确定顾问团队成员后，所有人都应该碰面，讨论他们认为自己同意负责的工作范围，以确保没有任何遗漏。顾问团队应该口头讨论整个项目的范围、时间、潜在成本和潜在风险。
3.建筑师应与业主或其代表会面，进行相同的讨论。

如果建筑师按这几个步骤执行，就应该能够帮助团队避免大部分不必要的索赔。

首先，在编制预算时，各个顾问小组要对自己的预算进行审批和负责。其次，如果出价高于批准的预算，在考虑备选方案后，需要将出价与最初的估价进行比较，每个工种或顾问都有责任与客户共同研究，做出调整，使其回到批准的预算范围内。

如果客户决定减少一个工种/顾问未超出预算范围的工作内容，该小组的工作时间应得到补偿。

如果出现了一个你认为很严重的问题，花时间进行调查，然后与客户正面解决这个问题。如果这个问题与其他顾问有关，让他们立即参与进来。如果合适的话，请尽早让你的保险公司知晓这个问题。在大多数情况下，只要对客户诚实、真诚，问题就能得到解决。

使用技术

技术和信息技术专业人员费用高昂，必须理智地使用。当你为自己的建筑业务制定商业计划时，也应该为你的信息技术需求制定一个业务计划。

除员工工资外，你的信息技术相关费用可能是你的第二大支出，其次是租金——特别是如果你将技术团队的成本和相关软、硬件成本包含在内的话。这个数额会让大多数公司感到惊讶，因为他们以为排在工资后面的是房地产的占用成本。

技术费用在一年之中逐渐累积。有一些软件和云计算的费用目前是认购形式的，你收到的账单并非真正的月账单，这些费用会自动从你的信用卡中扣除。根据公司的规模，AutoCAD/Revit软件的升级费用可能会十分高昂。软件的培训费用也很高。

如今，办公室提供工作站和软件，技术人员使用自己的设备。对于许多公司来说，这意味着对苹果公司产品的引进和整合，iPhone、iPad和iBooks现在与桌面AutoCAD工作站一样普遍。

随着员工开始使用网络上的个人应用软件，公司的所有其他应用程序都需要进行相应的整合、维护和支持。

从苹果应用商店下载软件应用程序是把双刃剑。好处是员工如今可以用很少的成本尝试可能对工作有益的新应用程序；坏处是随着这些应用程序在网络上的使用，有一些不可预见的情况。如今，由于新软件的获得变得越来越容易，信息技术的专业人士忙得不可开交。

即使是小办公室也有很多软件要处理。例如：

- 3D Max
- Adobe Acrobat Standard XI
- Adobe Illustrator
- Adobe Photoshop
- Aperture
- AutoCAD
- AutoCAD Architecture
- Equitrac Office
- FileMaker Pro 14
- FileZilla for FTP
- Firefox
- Google Chrome
- I Render NXT for Sketch up
- Internet Explorer
- Jungle Disk
- Mac Keynote
- Mac Numbers
- Mac Word
- Microsoft Access 2013
- Microsoft Excel
- Microsoft OneNote
- Microsoft PowerPoint
- Microsoft Project 2013
- Microsoft Word
- Parallels for Mac
- QuarkXPress
- Revit
- Roxio

- ShoreTel Communicator
- SketchUp Pro 2015
- Solid Capture
- Symantec Endpoint Protection
- WinZip

你的工作流程够优秀吗?

我相信大多数企业认为他们已经有了定义清晰的流程和程序。有时，我们只是当局者迷，而没有意识到一些调整可以在时间和赢利能力上产生巨大的差别。问题是，要么我们不想花时间思考，要么是我们不想承认可能有更好的方法。

像大多数公司一样，我们以为自己有明确的业务程序，直到有一天我和一个做木制品生意的朋友在午餐时交谈。他很沮丧，随着业务的增长，公司持续增加员工数量。找到合格的制造业员工是非常困难的，特别是在像康涅狄格州这样的地方。员工们知道自己的效率真的很低，需要改变，但他们太忙了，没有时间停下来回顾自己的工作过程。

听闻这位朋友如何找到并聘请了一个名为康斯特普的咨询公司的故事，我备受鼓舞。康斯特普帮助他们客观地分析了工作流程。稍作调整以后，他们的文书工作流程和采购程序得以发生极大的改变，从而能够在**不增加员工**的情况下有效地承担额外的业务。我意识到建筑师也是制造行业的从业者，建筑和室内空间根据我们制作的设计图而得以实现。就像我的朋友一样，我们想要更有效率地工作，并不是想要减少我们的员工数量，而是想要在同样员工编制的情况下，他们承担更多的工作。我们与康斯特普的合作十分愉快。我们组建了一个团队来确定我们流程中的所有步骤，并确定那些导致客户流失的步骤。通过更努力地工作，进而在规划过程中更早地获取关键信息，我们得以减少或避免消耗时间和利润的返工情况。

我们发现返工会在流程中的每一步折磨着我们。

- 我们在真正了解客户的目标之前就启动了项目
- 在没有从客户处获得完整的项目信息的情况下，我们就为建筑进行了适应性测试
- 我们在顾问没有悉数到场的情况下开始概念规划
- 在没有顾问在场的情况下，我们无法提供一个完整的预算

总之，我们的步骤和过程受到他人的推动。

为了解决问题，我们改变了工作流程，改变了给客户交付内容的顺序，也改变了他们对时间的期望。现在，我们的行动更快，也更准确。

内部共享的重要性

我发现，虽然我们认为想要与人分享想法和信息是人之本性，但除非你的公司对办公室管理方法有具体的应用，这种设想在商业场景中不会自动发生。这类具体应用包括：

- 联系人管理
- 合同
- 潜在/中标项目
- 时间跟踪和计费
- 项目报告

员工倾向于按自己的方式做事，让别人来负责协调和汇总数字。公司可以利用无数可用的程序或应用程序，很容易地对每天生成的所有数据进行协调。分享的一个方面，我们可以称之为外部分享，就是你如何对待客户项目的可交付成果，以及谁被复制模仿或谁有访问具体信息的权限。在设计过程中，客户给建筑师提供的项目具体进度、预算、人员/空间或产品具体要求的信息很少，但指望建筑师为他们完成这些信息的整理和传播。当建筑师将其发出的每个文档视为单独文档时，对客户来说，

就更难理解和处理这些信息，也更难及时回答问题。另一方面，如果建筑师通过一个协调计划处理所有的可交付内容，客户就可以更容易地理解全局以及他们批准的内容和决策的含义。

按规模布置办公室

当你开始创业时，很难知道未来会发生什么。你可能知道想要的发展方向，想要做的工作类型，以及可以单独或在有合作伙伴的情况下合作的公司的规模。我经常看到这样的情况：一家公司遇到一个重要的客户，这个客户给了他们一些诱人的任务，刺激他们向一个意想不到的方向发展。或者一家从事办公和商业设计业务的公司得到一个备受认可的教育项目的机会，之后他们继续进行教育建筑设计工作。这样的情况是很难预判的。我们做了3件事：

1.确保公司的内部流程尽可能自动化，配备的技术可以处理更大容量的内容。如今存储容量非常便宜，云解决方案使员工可以在任何地点灵活办公。
2.确保办公地点具有巨大的灵活性，这样就可以在不进行重大调整的情况下实现业务的增长。我们已经在同一栋楼里扩建了4次。
3.考虑增加具有多项才能的员工。

面试

找到第二个员工很容易。正如前面提到的，我有一个非常聪明的妻子，她不情不愿地来帮助我创业。没有面试流程，没有简历审核，没有薪资谈判，也没有福利讨论。雇用接下来的几个员工就困难多了。你无法做到面面俱到，因此真的需要尽你所能，找到全能的建筑师。拥有能代替你的员工至关重要。而当时我们这个地区的人才库很小，现在也是如此，我们能招到几个很好的员工十分幸运。30年后，其中两名元老仍然没有离开公司。面试官会逐渐发展出自己的风格，而我的风格很随意。我更喜欢随意聊天，而不是问某些具体的问题。这样我就能在适当的时机编排我的问题。我的这种方法让面试时间延长很多，但我知道我能够对求职者形成更好的感知。我想了解他们在哪里，以何种方式长大，是否有兄弟姐妹。还要补充的是，我尽量不在面试前看简历，让面试自然进行，体现求职者的经历——无论它是好是坏。大多数求职者都为一些典型的问题准备好了答案，比如什么是你最好的经历，你认为自己最擅长什么。我喜欢问他们认为自己不擅长什么，哪些方面需要别人的帮助，以及为了成为更好的建筑师或设计师，他们想学习哪方面的内容。我想知道他们是否有未来某一天自己创业的想法，如果有的话，他们打算如何实现它。

早些年，我尝试过在办公室进行面试，这样面试过程可以更放松，不会有常见的办公室环境的那些干扰。安静的餐馆也是适宜的环境；办公室是最糟糕的首次面试地点。我相信很多面试官都不知道，求职者也在面试公司，看他们是否喜欢公司的业务、工作质量和员工，最后是工资和福利是否满足他们的要求。在办公室以外进行面试，我可以决定双方是否合适，如果合适，我会邀请他们到办公室进行第二次面试，这样他们就可以问一些问题，见见其他员工，看看是否喜欢我们的公司。这两个步骤当然需要更长的时间，但我们有更多的机会雇用到知道自己想做什么的员工。你一定听过很多次，一个新员工说“我不知道要不要做那个项目，或者跟那个人一起做项目”又或者“哇，这儿的福利真的不太好”。

我发现如今面试更难了，因为有太多的东西要谈。刚开始的时候，我们没有讨论过CAD，因为所有工作都靠手工完成；以前没有关于软件和技术的讨论，因为根本没有这些东西；以前不需要了解效果图渲染技术，因为所有东西都是手绘出来的。多年来，我们从来不需要讨论时间管理，因为在工作的日子里几乎没有什么干扰。当时没有手机，没有Facebook页面和个人电子邮箱。每个人就只有一个办公室电话，所以如果你接到电话或拨打电话，其他人都会知道，而且通常能听到你的谈话内容。第二次面试时，最好多安排个人来面试求职者，这样你就有不同的观点可以用来比较。我一般会安排求职者未来的领导作为面试官之一。此外，让求职者与其他员工见面，通常也会让他们在被提问时更加放松。除了面试的时间，培训新员工让其跟上进度，达到高效，也需要高昂的成本。

与几年前相比，如今的求职者似乎更习惯于参加测试。办公室助理的求职者经常参加打字或写作测试，那么为什么没有针对设计申请人的测试呢？我们要求一部分初级设计师做一个简单的规划测试，看看他们是否能像在自己的作品集中展示的那样完成基本的任务。我们有时会让级别更高的设计师去做几小时的小设计项目。

我之所以不太重视简历，是因为它整体过于模糊，甚至可能是不准确的。你永远无法真正了解某人在简历上列出的项目中做了什么。我发现尝试了解他们在某些情况下的想法和反应会更有益。只有几年从业经验的年轻求职者，反而会有许多可能对公司有利的附加品质，让人喜出望外。20多岁的年轻人在科技的熏染下长大，对社交媒体、网站建设、软件应用以及营销产品和服务的新方法都非常了解。这些才能不该在年长的面试官那里被忽视。

讨论薪水和福利待遇时，我建议对两者同时进行讨论，甚至可以从福利待遇开始。如果福利待遇很有竞争力，那么在公布薪资数字之前先让求职者有所了解，可能会产生积极的影响。然后你可以选择陈述这个职位的薪资，或者先询问对方的期望薪资来进行讨论。谈判是一件好事。

职业道德

善待客户和其他专业人士，你就会好好的。然而，如果你做了一些让别人不信任的事情，消息就会像野火一样传播开来。正如前文所述，“良性循环和恶性循环”是我们与所有新员工讨论的话题。如果你认为每个新人都从他们的前雇主那里学了相关内容，那你可能就错了。你告诉他们的内容可能不是重复的，如果重复了的话，则将再次提醒他们应该如何开展业务。我们都知道“只有一次机会去留下好的第一印象”。同样的道理，一旦你的名誉受损，人们可能会在很长一段时间都是这样看你的。尤其是当你在一个小圈子里工作的时候，想从坏名声中恢复过来很难。管理部门必须为员工树立一个专业的榜样。

我们公司的提案中曾经包含这样一项条款：“我们收取的唯一费用来自我们的客户，而其他人可以为了使费用更有竞争力，接受来自制造商或供应商的赞助费。”我们要求所有竞争同一项目的公司都签署这一条款，以确保竞标评估都在一个公平竞争的环境中发生。之后我们的一个较大的潜在客户表示，只要能做到最低的成本，他们不在乎谁在“受贿”，我们非常失望，从此不在我们的合同中包含这一项条款。我们在那个项目中没有中标，被选中的公司还没完工就被解雇了。诚实和直接通常会赢得最后的胜利。

对员工的责任

企业主对员工负有很多责任。共事的时间久了，员工就像家人一样，应该得到家人一样的待遇。在CPG建筑师事务所工作30年以上的员工有4名，工作年限在20～25年的有很多，10年以上的也有很多。公司要么支付稍高的薪酬，要么让员工享受稍多的乐趣和自由，要么是员工喜欢具有挑战性和创造性的氛围。

公司也有责任以专业的方式行事。如果员工患病，公司会继续为他们提供支持；如果员工遇到了麻烦，公司会帮助他们寻求帮助；如果员工准备参加考试，公司会为他们的课程和材料买单。我们努力提供有竞争力的福利，同时也提供对家庭有帮助的个人福利。所有的家庭和公司都面临着医疗问题的挑战，都被不断上升的成本所困扰，我们希望自己能做得更多。

工作环境

许多建筑师的办公室似乎毫无生气，原因我不得而知。建筑师的工作绝不是枯燥无味的。就我个人而言，我喜欢把所有我喜欢摆弄的玩具、游戏机和小工具都放在办公室里。我们会轮流展出以下这些物品：

- 自动唱片点唱机
- 马戏团转轮
- 马戏团扔垒球
- 台球桌
- 弹球机
- 握力测试器
- 口香糖机和干果机

C.P.G.
is
Great
SEX
Better
DRINK
Coca-Cola

C.P.G.
is
Great

CPG
SEX
Better

客户喜欢这种状态，我们也鼓励客户去玩。对于潜在客户和新客户来说，这些物件肯定有助于打破沉默。

我鼓励每个人在他们的工作区域表达自己的个性。我们的办公室在一座旧厂房里，有砖墙和约3.7米高的木制天花板、木柱、裸露的机械装置和大窗户。即使在这里工作了31年，还是觉得工作环境令人兴奋。

我的建议是在你能力范围内找一个令人振奋的空间——我总是对我们的客户说，空间是一种资产。良好的办公空间有助于你吸引人才，客户也喜欢过来开会。我们支付的租金只占总开支的4%，所以尽可以选择最好的场地。

与家人做同事

公司成立后不久，我的妻子就对如何一起工作感到有些沮丧。她问我："你是想永远正确，还是想要开开心心？"我没有多想，就说："我要开开心心的。"35年后的今天，我不是永远正确的，但我仍是一个很开心的人。

我儿子延续了我妻子对滑雪运动的热爱。1995年，他从杜兰大学毕业以后，说自己想花些时间在科罗拉多州滑雪。我的回答是，这很好，你自己挣旅费和生活费就可以了。他问是否可以到我们的房地产软件公司Link Systems工作，以便攒够钱去旅行。20年过去了，他从未离开过。现在他拥有这家公司。和家人一起工作可以是很棒的体验。

遇到特殊项目时，很多员工带着他们的孩子来上班。我们一个员工的侄子，也是一位建筑师，为我们工作了好几年，非常了不起。现在他的侄女和我们一起工作好几年了，她和我们志趣相投。

让员工的孩子在下午、节假日或夏天到公司来好处多多，父母受益，也有助于孩子了解企业是如何运作的。

可能拥有一个完美的客户吗?

是的,完美的客户会偶尔出现,当这种情况发生时,公司会在项目完成后的数年里都持续谈论它。一个完美的项目是天时地利,其中的每一分钟都是纯粹的幸福。在公司35年的历史中,我们只经历过一个完美项目:它是帝亚吉欧(Diageo)的美国总部,从原有的8个地点搬迁至美国,可出租面积9290平方米。帝亚吉欧是全球最大的成人饮品生产商之一,生产烈酒、啤酒和葡萄酒。

我们希望所有的建筑师和客户都能学习帝亚吉欧的方法。以下是这个项目的特别之处:

· 房地产副总裁基.盖拉德非常有经验,知道自己想要什么样的建筑师。她是一位着实富有想象力的思考者和管理者,推动了项目的成功实现

· 提案申请流程组织得非常好。受邀参加的人聚在一起,从成本、进度、品牌和员工的角度倾听公司的愿景。盖拉德谈到了他们目前的设施以及他们想要做的与众不同的事。她谈到了帝亚吉欧的客户和他们想要展示的形象。她谈到了人力资源发展、标准,以及所有特殊区域的需求。她涵盖了提案申请中可能提及的所有内容,所有建筑师们也在同时听到了第一手的信息

· 我注意到,允许提问使气氛发生极大改变,剑拔弩张的竞争对手也可以参与其中,讨论如何把项目做得更好

· 建筑公司的选择过程采取设计竞赛的形式,帝亚吉欧对每家参与的公司进行了补偿。参赛公司有3周进行准备,时间充足

· 简报在技术方面没有限制,我们选择用手绘的概念草图做大展板。我们还决定记录下在3周的时间里开发创意所经历的过程,并以8页说明书的形式将每周的进展呈现出来。它会向帝亚吉欧展示整个办公室是如何投入使用的

· 到了该我们做简报的时候,我们将冰冻果子露装在冰镇的杯子里端上来,这样客户可以在看完上一场报告之后感觉“神清气爽”。我们穿着相近,戴着名牌,标出头衔,方便被记住

· 每家竞赛公司都有两个小时的时间来做简报——展示时间充足,临近结束还会有足够的时间进行讨论。因此,帝亚吉欧团队得以理解设计理念和理由

·做完简报之后，我们接到了一个电话，说盖拉德愿意到我们的办公室和团队见面。被客户当面告知获得优胜的体验让人难以置信。从来没有一个客户来到我们的办公室，表达想和我们合作的意愿，她给我们的感觉有多棒，难以用语言形容。她还为整个公司带来了香槟。有句谚语说得好，“好的开始是成功的一半”

寻找理想之家

第一步是编制人员和空间规划，包括用于评估潜在部门发展需求。在被评估的8座建筑里，最终选出的是1座刚开始建造的9层建筑。我们认为有两个问题可能会导致交易失败：首先，建筑比客户需要的更大；其次，核心布局对客户的用途来说效率不高。开发商和他的建筑师接受了我们的建议，进行一些改变——我们提议取消一层，重新设计所有的核心区域，改变了上层的露台配置，以便容纳员工自助餐厅的户外用餐区、酒吧和会议中心。

调研

我们在全美各地的酒吧做了很多调查；总部的酒吧是一个关键的设计元素，公司餐厅、会议中心和健身设施也一样。

新的工作方式

帝亚吉欧走在了前面，将协作、灵活和高效设定为他们的新工作场所的特点。

公司将容纳1000名员工，公司决定不设办公室——甚至也不为首席执行官和管理团队设置办公室。他们只指定了一种工位尺寸。副总裁及以上级别的人员占据两个工位。

我们设计了家具模型，每个被选中进行展示的制造商都因他们的方案得到了补偿。Steelcase公司提供了最好的方案，并获得了家具的合同。

小隔间

小型的双人会议区分布在各个楼层，每一层都有许多大小不同的会议室。

协作

每层楼的休闲区都是马蹄形的，就在电梯组一侧，来到这层的员工可以在此约见朋友和聊天。咖啡馆周边的所有长椅都有Wi-Fi覆盖，供小型的小组会议使用。

品牌

根据各个楼层的使用者特点，每层的走廊、会议室和电梯轿厢都有对应的产品组别，放置有设计品位的品牌宣传标识。客户和员工都很喜欢这样的安排。这样的安排不是偶然发生的。需要一个真正关心员工的公司，一个充满活力、富有创造力的领导，有足够的经验，以创造性的方式鼓励顾问，给他们足够的时间去探索各种选择。

基·盖拉德是我们最好的客户。从她邀请公司投标的创造性方式，到精心设计的提案申请和合同，再到为调查留出时间，每件事她都做得恰到好处。我们感激她所做出的努力。

甚至连电梯里都有系列产品的品牌宣传。

SMIRNOFF
PREMIUM
Triple Distilled
VODKA

第六部分 时间、金钱和运气

PART VI

Time, Money, and Luck

▢ 第十二章

数字很重要

别急着笑我。我认识的许多人进入商界，只是因为他们认为这样做会收获趣味和刺激。虽然他们希望自己能赚到一些钱，但他们很快就发现“希望”并不是一个好计划，最终沦为统计数字。我经常读到的统计数据显示，75%的新设计公司在头3年就倒闭了，剩下的公司里只有30%能撑到10年，只有8%的公司能运行10年以上。

如果你去探究大多数公司是如何起步的，就很容易理解为什么幸存的公司如此之少。然而，如果你精心规划并保持专注，成功几乎是必然的。

大多数公司的开端都是有一个或多个建筑师离职，从原公司带走一两个项目。这似乎是一种安全的创业方式，但只有当项目足够大，并有足够的资金时，才能维持公司运转。你需要这样做，才能在市场上立足，并开始寻找下一个项目。当然，你的前雇主可能不会这么快就让你带着客户离开。同时处理多项任务是很有挑战性的，参与一个项目，制定一个商业计划，建立网站，在你忙着市场营销，做前面章节讨论过的所有其他事情的时候，也许还不得不雇用一两个全职或兼职员工。不要忘记让你的会计建立账簿、工作时间记录表和账单系统。选择和持续升级信息技术设备、电话系统和移动服务也是不那么次要的任务。

另一些人则是在大客户提供或承诺工作时成立公司的，这种方法在表面上听起来也很不错。根据墨菲定律，它可能好得令人难以置信，但有100万件事情可能会出错。项目可能不会启动，如果它启动了，可能没有资金，或者像许多项目一样，它可能会在启动后中止。我会要求对方提供一份书面承诺，提供至少6个月的财务担保——这样足以让你在建立新公司，开始营销时维持正常运营。

虽然前两种方法通常能够奏效，但创办公司的最佳方式是拥有一个资金无限的大型信托基金。银行里的钱能让你有足够的时间来开发商业计划、营销策略和网站，同时也能让你有足够的人手来填补关键岗位，为即将到来的工作做好准备。人们总是问我想创业需要准备多少钱，我的回答一直是：你在银行里至少应该有足够的现金来支付6个月的计划开支。当你开始新项目的时候，一定尽最大的努力拿到一笔定金或预付款。正如人们常说的，用别人的钱干活比用自己的钱更好。

我创业的时候没有资金，没有准备，没有客户或潜在客户，家里还有两个小孩。我甚至没聪明到感觉害怕。我用周末的时间制定了一份商业计划书，周一早上开始给几个朋友打电话寻求建议。

我知道的是，这件事我不允许自己失败，我必须勇往直前，听取所有我信任的人的建议。36年后，我对所有与我们共事的员工、与我们合作的顾问以及我们服务的客户感到无比满意。这一切非常具有挑战性，也很有意义。开始创业时，要记住以下几点：

> · 为营销、设计和财务这3种最初就需要的基本技能岗位配备人员——这些中有多少将由开始创业的主理人亲自处理？
> · 业务——你有要启动的项目吗？或者当你挂出招牌时，会有一个“肯定能”启动的项目吗？如果是这样的话，潜在的收入能在几个月内支撑公司的日常开支吗？
> · 财务和办公室管理——你是否建立了自己的技术、网站、财务系统、工资表等？

向别人学习

我们可以向很多人学习，但有一群特殊的相关专业人士，他们的创业和经营方式一直激励着我。这些专业人士驾驶卡车或面包车，提供商业服务和住宅服务。他们在创业时遇到了同样的问题：营销、撰写提案、安排工作进度、管理员工、寄送发票、快速回款、管理现金流。

他们创业的方式与建筑师类似，通常是离开他们做过学徒的公司。一开始他们可能会有一两个从前公司带走的客户，之后也会在类似的营销模式下寻找下一个客户。我们都认为，一边为客户提供服务，一边寻找新业务很困难。这些企业家是水管工、电工、暖通空调承包商、干板墙承包商和地板安装工。与建筑师类似，他们大多数人几乎没有接受过业务培训。让我印象深刻的是，他们的策略大多是凭直觉产生的，他们的愿望不是改变世界。他们脚踏实地，他们专注于保持工作量和收入，让客户满意，让自己的油箱加满油。他们分享线索的网络通常是有效的，没有那些没完没了的电子邮件和即时消息的负担。

他们创业是为了让自己和家人过上更好的生活。这些行业结合、互补并分享潜在项目信息的方式让我印象深刻。

也许建筑师应该开着一辆货车，把公司名称印在车身侧面，并把美国建筑师协会注册号码和责任保险号码加粗。将这些承包商的业务统计数据与建筑公司的业务统计数据进行比较是很有趣的：

职业	业务	员工
水管工	115737	468869
电工	214000	968000
暖通空调承包商	104288	468773
建筑公司	20836	146277

从事这一行这么多年之后，我还是会经常感到惊讶：这个国家里的建筑公司竟然如此之少。

最初的人员配置

对于任何建筑或室内设计公司来说，重要的3个技能是：

> 1.营销——负责发掘并引入业务的人或团队。新业务的供应对所有组织都很必要。我们不使用营销总监、市场营销PIC以及任何带有“业务发展”字样的头衔。这种表达对客户来说通常有消极作用。如果是较小的事务所，客户希望与负责管理、领导项目的主理人合作。客户知道营销岗位上的人只负责到交易完成，之后也许永远不会再见。市场营销职位需要由主理人或至少由资深员工担任。我见过很多公司雇用“营销专家”，他们很会运作，会按新业务赚取佣金，之后当他们离开去做下一份营销工作时，所有的线索和联系方式都会随之而去。
> 2.设计——必须有专人负责设计。这个创意职位对下页图所示的一些相关职能负责。
> 3.财务——这个角色身兼数职。如果办公室规模尚小，这个人可能需要独立工作。随着公司规模的扩大，需要额外的工作人员充当前台接待、办公室经理、会计、行政助理、营销团队、社交媒体经理、信息技术总监等。

这3个职位对办公室的发展都至关重要。

可以将这种关系类比成3条腿的凳子。如果工作流程、设计/生产和会计的管理缺乏完美的平衡，公司可能有点摇摇欲坠。当工作来得太快时，设计和生产可能会受到影响；当工作进展缓慢时，员工往往对自己的工作感到恐慌和担心。如果每月月初发票没有及时准确地发出，账单不能及时支付。尽管负责这3个技能的人不一定是同等重要的合作伙伴，甚至不是公司所有者，但他们肩负的技能同等重要。

在开始创业的时候，为了节约开支，可能无法同时在这3个职位安排人员。根据创始人自身的能力高低，他/她可能会尝试亲自承担2项甚至3项技能。我一直建议创业者尽快为这3个职位找到合适的人选。

营销	设计	财务
新业务开发	**项目管理**	**项目会计**
提案 简报、营销材料 直接营销 间接营销	调度 预算 构想	合同管理 工时表 报销 发票 顾问协调
营销材料	**设计与生产**	**公司会计**
广告 博客 品牌推广 摄影 促销活动 社交媒体 网站	适应性测试 概念性规划 构想 家具、装置、设备 归档 施工监理 剩余工作清单 搬迁计划 验收	**人力资源** 员工手册 **办公室管理**

建筑师的财务入门

关于财务知识，建筑师需要了解以下几点：

1.确保你在银行里有存款。

2.确保不要透支。

3.确保存些钱，以备不时之需。

4.确保你有一个信任的会计。

术语

会计核算有两种主要的方法——现金收付制和权责发生制。因为这两种方法存在差异，所以建议询问会计，哪种方法最适合你的具体业务和纳税等级。凯莉·史密斯给出了以下定义[3]。

什么是现金收付制？

在现金收付制中，要在收到费用和支付费用时进行记录。这个操作不包括任何应收账款或应付款，因为它只适用于收到客户支付的现金或者从银行账户支出的开销。

例如，如果你在3月1日给客户开了10万美元的发票，在6月15日收到付款，这笔收款要记到6月的账目里。这样才是把现金收到手的概念。

许多小企业主选择现金收付制记账法，因为这是一个简化的记账过程。即便钱在你的银行账户里进进出出，因为无须记录应收账款或应付款，这种方式容易追踪钱款。此外，钱款存入你的银行账户以前，你的小企业不需要支付所得税。

使用现金收付制的一个缺点是，由于没有计入所有的收入或支出，它会让人对财务状况产生不准确的整体印象。它会让你以为这个月的现金流非常高，但实际上，这些数字是上个月工作的成果。

什么是权责发生制？

权责发生制是与现金收付制完全相反的方法。收入和开销都在开具账单和发票时进行记录，不管具体什么时候收到钱。

3.凯莉·史密斯，《现金收付制与权责发生制：哪个最适合你的小型企业？》，QuickBooks出版社，2018年3月5日访问，https://quickbooks.intuit.com/r/ bookkeeping/cash-vs-accrual-accounting-whats-best-small-business/。

还是举上面的例子，应用权责发生制的话，要把这10万美元记为3月份的收入，而不是实际收款的6月。

使用权责发生制的好处是它让小企业的业主对某个时期的收入和支出有一个更现实的了解。这个方法可以让你（和你的会计）对业务情况获得一个更好的整体了解。

权责发生制的一个缺点是，它不能计算现金流或银行账户中可用的资金。如果账记得不够仔细，权责发生制可能会给小企业的业主带来财务上的毁灭性打击，因为你的账簿上可能显示出大量的收入，而你的银行账户却完全是空的。

基本的财务术语

资产——一家企业拥有的经济资源，包括库存产品、购买的供使用的办公家具和用品，以及它拥有的任何商标或版权。这些资产计入企业的价值，因为如果企业经历困难时期，可以将它们出售。

负债——指企业在创业、发展和维持经营过程中累积的任何债务，包括银行贷款、信用卡债务，以及欠供应商和产品制造商的钱。负债可以分为两种主要类型：流动债务，指的是即时债务(如欠供应商的钱)，以及长期债务，指的是负债(如贷款和应付账款)。

费用——营业费用是企业每月经营而发生的费用，包括租金、水电费、法律诉讼费、员工工资、承包商工资、营销和广告费用。为了保持财务稳定，企业通常被鼓励尽可能地减少开支。

现金流——指你的企业每个月的资金流动，包括收入和支出。企业通过记录一般现金流以确定长期偿债能力。企业的现金流可以通过比较某一特定时期开始和结束时的可用现金余额来确定。

盈亏结算线——一家企业在月末所赚或所亏的总额。盈亏结算线是分类账目最底下的财务数字。这个术语也可以用在企业收益增加或减少的情况下。

财务报告——财务报告是对企业交易和费用的全面描述，是一种对企业财务进行监督的方法。财务报告可以供内部使用，也可以供潜在投资者等外部使用。

财务报表——财务报表与财务报告类似，列出企业所有的财务活动。然而，财务报表通常是更正式的文件，通常由会计师或贷款机构发布。

现金流量表——现金流量表显示在特定时期内进入和离开企业账户的资金。它一般包含四大项内容：经营活动、投资活动、融资活动和补充信息。

收入表——也被称为“损益表”，损益表显示企业在一段时间内的赢利能力。损益表通过企业的所有活动来观察企业的收入和支出。

资产负债表——企业的资产负债表反映了公司在特定时刻的财务状况。包括公司手头的现金、未付应付的票据以及公司的所有者权益。

盈利与亏损——为了保持财务健康，企业必须有大于亏损的经常性盈利。盈利和亏损通常都列在损益表上。

资本——在企业财务术语中，企业账户上的资金、资产和投资被称为资本。在商业中，主要有两种类型的资本：债务和权益。

应收账款——是客户所欠企业的金额。通常客户会通过发票收到金额的通知。如果不予支付，债务在法律上是可强制执行的。在企业的资产负债表上，应收账款通常作为一项资产入账。

折旧——企业的资产随着被购买后的时间增加而贬值。

估值——当企业向投资者寻求融资时，投资者希望知道该企业的整体价值。这是通过估价来完成的，估价是对企业整体价值的估计。

行业指标

从美国建筑师协会获得建筑事务所的指标是非常困难的。德尔泰克软件公司对建筑行业做了一些很好的公开报道。以下是德尔泰克2015年的数据，这些指标和百分比是全美建筑公司的平均值。

营业净利润——11.8%。
营业净利润是这样计算的：税前、预分配利润除以净收入(总收入减去咨询费用和其他直接费用，包括可计费和不可计费费用)，再乘以100。

利用率—— 60%。
利用率的计算方法是直接人工成本(项目中收取的人工费用)除以企业的总人工成本，再乘以100。

净劳动力乘数——2.97。
净劳动力乘数的计算方法是将净收益除以直接劳动力成本，按项目直接收取的劳动力成本。

总工资乘数——1.77。
总工资乘数的计算方法是将利用率乘以净劳动乘数，或者将净收入除以总劳动力成本。

间接费用分摊率——160%。
计算方法是总开销(在分发之前)除以总直接人工费用，再乘以100。

员工人均净收入——129689美元。
员工人均净收入的计算方法是将年度净收入除以年内雇员（包括主理人）的平均总人数。

员工流动率——13.7%。

员工流动率是用年内离职人数除以当年平均雇员人数。

平均收款期——75天。

平均收款期的计算方法是将应收账款除以当年总收入，再乘以365。

追踪建筑经费的始终

一切从你收到提案申请开始——你所做的决定和你提交的回复确定了潜在项目的赢利能力。每一个提案申请应该得到同样的深思熟虑和认真评估。

- 新项目评估清单
- 确定所需服务/估计总体时间框架
- 选择团队，估计时间/阶段/人员
- 计算小时费率
- 准备估算费用
- 准备提案回复

中标了——该就合同进行谈判了

即使你的公司中标，仍然有一些范围条款(大多数提案申请中没有包含)需要协商，这些条款会影响最终费用：

1.理解并同意工作的最终范畴——将讨论的范畴与提案包含的范畴进行比较，并对费用做出相应调整。

2.商定一个进度表——起点和终点。以书面形式说明如果项目开始的时间比计划的晚，如果项目中途停止再启动，或者结束点超出了提案申请中约定的时间范围会发生什么情况。

3.商定付款条件——从客户收到发票到完成付款之间，你允许多少天时间，建议设为30天。

4.商定工程变更通知单的定义——定义影响建筑面积的范围变更，质量和细节方面的变化，重做先前批准的工作的变更等。

5.了解客户想要以何种方式与所有其他可能需要的顾问打交道。如果

估算员工费用

总年薪	$150000	$125000	$75000
17% 缴纳	$25500	$21250	$12750
失业保险			
社会保障金			
医疗保险			
人寿保险			
工伤保险			
分红 3.5%	$5250	$4375	$2625
奖金 10%	$15000	$12500	$7500
单年员工净成本	**$104250**	**$86875**	**$52125**
总工作时间 /年	2080	2080	2080
休假时间	120	120	80
节假日 /病假	15	15	15
单年工作净小时数	**1945**	**1945**	**1985**
净成本率 /工作小时	$54	$45	$26
理想计费率 2.50	**$134**	**$112**	**$66**
理想计费率 2.75	**$147**	**$123**	**$72**
理想计费率 3.00	**$161**	**$134**	**$79**

他们想让建筑师参与每种类型的顾问的提案申请的编写，标书校准，演示安排，以及发送拒绝/授标信，需要再规划相当多的额外时间。此外，如果你的公司也管理顾问合同，则需要确定一个完成所有这些工作的以及为每个人准备的单独发票，收款和分发钱款的加成百分比。通常管理和协调其他顾问的工作产品也是建筑师总体职责的一部分。上面概述的合同工作超出了建筑服务的正常范围。

6.商定所有的保险限制和要求。

7.商定一个详细的进度，列出你希望客户可以参加会议的时间、简报和时间框架的审查和批准。

8.如果客户已经决定或计划保留业主代表或项目经理的服务，在提交提案和完成谈判之前，还有一些其他的东西要好好考虑一下。如果项目涉及业主代表，那提案申请很可能是由他们编写的，很可能他们没有列出自己提供的服务。

重要的是，你要弄清楚你是否对以下内容负责：

- 租赁或购买协议的评估和评论
- 5中描述的服务
- 项目进度的制定和更新
- 项目预算的制定和更新

这些通常是业主代表提供的主要服务，如果是别人在做这些工作，你肯定不想复制或接受这些服务。它们非常耗时。

在管理系统中进行项目设置

一旦项目启动，你需要准备好记录时间和账单的信息，以便在第一个月结束之后可以开出第一张发票（如果情况适用）。

市面上有许多适合建筑师的系统，可以将所有功能集成到一个程序中。我们当时没有找到喜欢或买得起的系统，所以就在Filemaker平台上创建了自己的程序。我们整合了自身业务的主要功能。我们的系统包括以下部分：

- 联系人管理——员工在系统中输入所有的公司、供应商和项目联系人信息。不再需要依靠个人通信录
- 潜在项目——当一个项目被确定为“潜在”项目时，我们就会填写一个表格，记录当时掌握的，包括规模、类型、位置、客户、推荐人在内的所有信息。这样，我们就可以有序地跟踪进展
- 中标项目——如果项目中标，我们只需将“潜在”状态改为“中标”，并填写合同金额、费用类型、团队名单、“收寄发票”人员、报销信息等。我们的系统包含所有的财务状况，便于项目建模和记录
- 时间记录——员工被分配到一个项目时，会自动创建他们的工作时间记录表。员工每天填写。如果某一天没有输入工作时间，就会显示一个红旗作为提醒。工时表系统在大多情况下消除了员工在错误的项目编号下录入工作时间的问题
- 报销项——如果有批准的报销项，报销的金额和备用收据也会记录在系统中，并与发票一起打印出来

· 开票——到了月底，我们按几个按钮，发票就准备好了，供项目经理和合作伙伴负责人检查。发票包括所有报销费用

把数字汇总

拥有原始的财务数据固然很好，但生成自动报告才是使系统繁忙起来的关键。

首先来看3个重要的报表：

· 资产负债表
· 损益表
· 现金流量表

其他重要的报表：

· 记录每个阶段实际花费的时间与预算时间
· 记录每个阶段花费时间的价值与预算的金额
· 支付历史——支付发票的速度，按客户类型
· 开工率(计费总小时数/工作总小时数=开工率)
· 间接费用率(总管理费用/直接人工总费用=间接费用率)
· 盈亏率
· 有效乘数(总收益/直接人工成本=有效乘数)
· 利润收入率
· 员工的人均净收入(总收入/全职员工数=员工人均收入)
· 毛利率

各项目专题报告：

· 按合伙人以及主设计师
· 按类型和大小
· 按位置

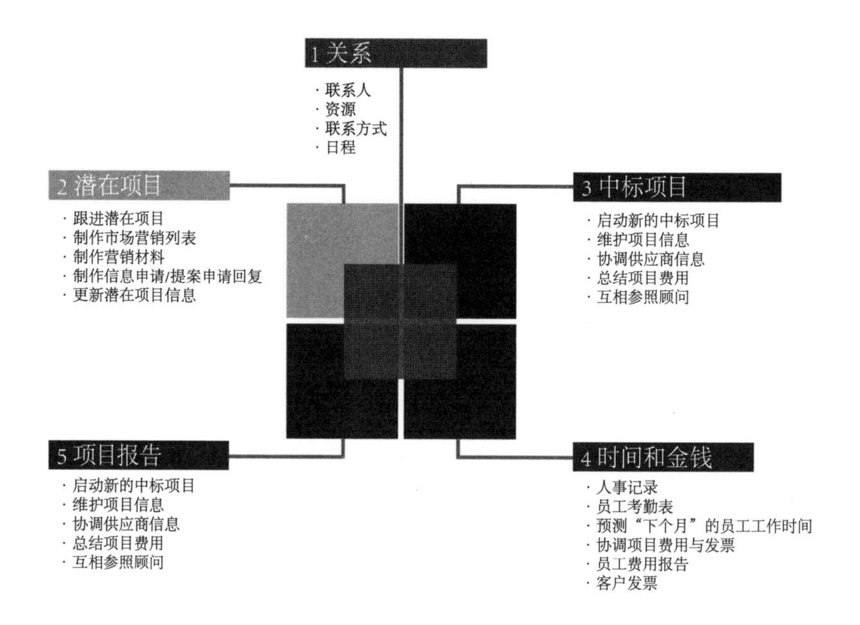

公司内部项目及财务管理系统图。我们称这个系统为LINK5，将业务流程的5个部分连接起来：关系；潜在项目；中标项目；时间和金钱；项目报告。

潜在项目的设置

当一个潜在项目得到确认时，我们需要系统录入基本信息，以便记录我们的进度和成功率。系统形式如下。

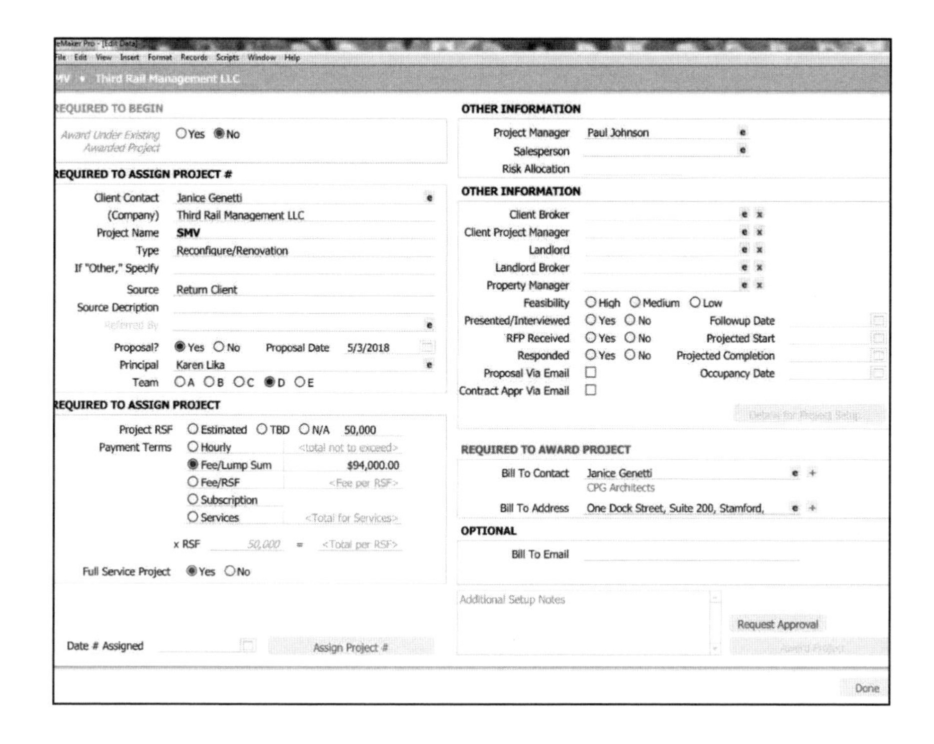

中标项目的设置

如果赢下了一个任务，我们会就添加有关合同类型、费用，以及计费和报销的额外联系方式等附加信息。如果由我们管理其他顾问的账单、费用收据和支付，我们还会添加每家公司的主要联系信息及费用数额，寄给客户以便其监督合同流程。

项目结清

如果结清过程没有在项目完成后很快发生，它就永远不会发生了。

虽然结清信息对你的业务运营并不重要，但它对于你的营销团队日后回应提案申请或制作新广告来说是非常重要的。随着公司的发展，要记住所有项目的所有信息是很困难的。将信息保存在数据库中更方便日后使用。

时间可以是你最好的朋友，也可以是你最大的敌人

度过了创业的头一两年，当你完成了几个纳税周期以后，你的注意力通常会转向“我怎样才能赚更多的钱”。有很多方法可以赚更多的钱。你可以：

1.吸引更多业务。
2.为你的服务收取更多的费用。
3.减少开销。
4.开发额外的服务。
5.雇用更便宜的员工。
6.改善技术。
7.培训员工，提高他们的见识和效率。
8.改善项目的工作流程。

在这些选项中，第7条和第8条有潜力提供更多、更长期的积蓄和福利。我也不会停止对其他选项的考虑，对更简单选项的执行。连续的普通在职培训，通常优于更具体的培训。这个培训过程也包含表单设计的持续改进——即从客户的角度而不是从公司的角度来设计表单。清晰、简洁的表单设计可以节省时间。

简化项目工作流程，减少返工，也许是提高盈亏结算金额的最简单的方法。考虑到很多人对进行中的工作有发言权，进度和工作流程设置起来并不容易，但当你可以通过进度控制来影响流程时，你就有更多机会提高利润。

进度控制必须从简报阶段开始。应从客户的观点准备、提交计划表。告诉客户你为什么需要他们以及什么时候需要他们参与。告诉客户其他顾问何时需要加入，并主动创建潜在公司的名单、编写提案申请和安排面试。

时间是我们无须成本，或者用很少的成本就可以控制的一件事。节省的每一个小时的价值都直接体现在盈亏结算线上，浪费的每一个小时都会减少利润。为了管理时间，维护赢利能力，我们在每个项目上都做了很多事情。

合同——确保每个项目的工作人员阅读合同，了解费用、总体进度、将要提供的服务，以及其他与我们进行工作协调的公司。

进度——确保每个项目成员都了解进度，并商定完成他们负责的任务需要分配的时间。

调研——确保对需要额外调研的任务加以确认。在没有提供所有必要信息的情况下完成的工作可能需要重做。

顾问——确保所有的顾问都尽快到位。让顾问们尽早参与进来并不会增加开销。工作开始后，顾问才加入，发现需要进行更改时，返工才会发生。

交接——建筑就像一场接力赛。信息在公司内部和外部都进行传递。没有做出所有的决定便进行的草率交接会导致双方返工。

故事板——开始一个阶段之前，创建一个你需要完成的活动的小故事板，列出要记住的事情，与他人协调的事情，以及可能需要别人参与的特殊细节。故事板就像是给最不能忘记的事情列出的清单。

项目管理——如果你的公司既负责建筑设计又充当项目经理，那么如果事情没有按你的想法发生，那就没有借口了。如果项目有一个业主代表或项目经理，我总说，第一个提出想法的人获胜。作为建筑师，你不希望别人告诉你该怎么做，什么时候做，展示哪些内容。你不会因为只是进度表上显示到了做某事的时间，就去做一个明知必须重做的任务。你永远不想让你与客户之间的第三方在会议上展示你的想法。如果你随着任务发生就进行管理，而不是过了预计时间以后再进行管理，时间会变成你的队友。在事情发生后再去管理如同逆流而上。想通过另一个阶段来弥补时间更是不现实的。

结清——项目完成后花几分钟回顾一下每个阶段，每个成员是怎样安排时间的。将实际时间与预计时间进行比较。画一个显示返工发生阶段的图表，就如何在下一个项目中避免返工进行讨论。

不要试图欺骗员工

一些企业主将所有的财务信息保密，不与员工分享项目赢利能力或公司赢利能力之类的信息。其实这些是可以分享的，但是提及项目赢利能力或项目亏损时要小心。

我合作过的几家公司就对财务信息保密，还希望员工觉得手头紧，项目不赚钱。这种试图哄骗员工，让他们认为项目和公司没有赢利的行为是非常短视的——如果情况属实，应该正式通知员工，一起思考如何在下个项目里做得更好。

一旦员工开始怀疑管理层对财务状况的说辞，他们很容易就可以收集到足够的事实来反驳虚假信息。这不是寻求积极工作关系的好方法，而且真的会对公司不利。

人们总是问："解决项目中员工的实际工时、带薪工时和收费工时问题的最好方法是什么？"

> · 记录个人工作时间有助于管理层评估员工的主动性、干劲和奉献精神。加班并不是衡量个人表现的好方法。我们不鼓励员工加班
> · 除兼职员工，公司无须记录和报告员工的带薪工时。个人获得的报酬包括基本工资、福利和奖金
> · 了解项目花费的总时长有助于管理层在评估未来工作时做出更好的决策。为项目付出的工时并不决定赢利能力

有些公司说项目不赚钱，因为实际收费的项目工时超出了合同中预期的。员工认为这些评论暗示他们要么效率不高，要么对这个项目类型没有经验，要么错误地对他们的时间收取费用。这对士气不利。

首先，如果工时超过了合同中计算的时间，这可能体现的更多是管理层的失误，而不是员工的失误。原因可能是：

- 管理层的收费太低
- 没有充分了解项目的工作范围
- 该公司在运行项目时使用的流程效率不高，导致了大量返工
- 给项目分配了错误的人员
- 项目类型与公司以往的项目类型不同，是一次高成本的学习经历

如果项目的实际收费工时比分配的多，并且只支付员工每周40个小时的工资，这就是“账面损失”，而不是“业务损失”，应该加以合理地报告。

其次，这正是管理层在准备提案时将他人包括在内的重要性所在。应分别看待项目赢利能力和公司赢利能力，因为二者是不同的。

项目赢利能力

决定一个项目能否赢利的因素有许多。

- 协商合适的合同条款，包括初始费用和报销费用，了解出现额外服务或工程变更通知单时收费的可能性
- 准确估计完成合同工作范围所需的时间
- 为分配到项目的工作人员收取适当的时薪(包括福利)
- 以故事板的形式规划项目步骤，以避免返工——如果客户对该类项目没有什么经验，也要为他们提供培训
- 选择其他与你的公司合作良好的顾问，确定他们的工作范围

要想赢利，需要了解的事情很多，要做的事情也很多。可以按时间或费用进行。

确定项目赢利能力的时间公式很简单

每阶段预期的总工时－每阶段实际花费的总工时×总费用(不含报销费用)－支付给员工的总工时的价值(不含报销费用)=项目利润

确定项目赢利能力的费用公式也很简单

总费用(不含报销费用)－项目收取工时的价值 (不含报销费用)=项目利润

与员工和项目打交道，是可以做到两全其美的。我认为让关键员工参与每个阶段所需时间的估算很有益处。在确定工作范围和整体项目进度时，员工的参与是很重要的。

如果你使用按头衔划分的一般或平均费率，那么就可以把这些信息向项目经理或更高级别的人员公开。如果你的公司使用实际的员工小时费率作为项目计费费率，那么就可能需要对费率保密。即便大家可能会自己琢磨明白，还是要尽量对工资信息保密。

公司赢利能力

限制几个关键员工了解公司财务和赢利数据的信息很重要。后面提到的报告评估内容将讨论有助于业务经营的关键问题。

指导员工准备工时表是一项重要工作。以下是一些大多数公司都会遵循的标准说明：

- 全职的收费员工应填写平均8小时/天
- 与代表就一般问题举行的会议应记入研发部门

· 与项目代表就项目问题举行的会议应记录在项目编号下

· 员工每年有16个小时的时间可以外出参加一般研发活动——参观贸易展、工厂或展示厅，但需要提前得到批准

· 针对特定项目的研发，外出无限制

· 差旅——如果从客户处往返需要两个小时以上，费用在项目和一般行政中各占一半

· 如果往返时间少于一小时，费用计入项目

· 培训——AutoCAD、Revit软件和通用系统培训，费用计入办公室

对大多数建筑公司来说，记录账单和员工工时表看起来效果均可。建筑公司可以利用许多不同的方式，使用Excel或类似德尔泰克公司的软件产品，在这些图表上添加细节。

项目经理月度计划表	2月27日	3月6日	3月13日	3月20日	3月27日	4月3日	4月10日	4月17日
比尔· 贝利								
17001C • BCD品位测试2017	8.00	8.00	8.00	8.00	8.00	8.00	8.00	8.00
17001B • BCD品位测试2017	24.00	24.00	24.00	24.00	24.00	24.00	24.00	24.00
15124A • 樱桃山谷	4.00	4.00	4.00	4.00	4.00	4.00	4.00	4.00
88886 • 专业研发	8.00	9.00	10.00					
	44.00	45.00	46.00	36.00	36.00	36.00	36.00	36.00
汤姆· 罗伯茨								
16152 • 太平洋 201 M7 大堂标识和品牌	1.00							
16094CO3 • 太平洋 901 五楼DCO 3号	2.00							
16085A1 • 太平洋 901 八楼测试布局	1.00							
16147 • 太平洋 901 三、四楼主要会议室	1.00	1.00	1.00	2.00	1.00	1.00	1.00	1.00
16125 • 太平洋 901 三至五楼主要照明	1.00							
17002 • 太平洋波士顿一号金融中心11楼	4.00	4.00	6.00	16.00	8.00			
15045A1F • 太平洋公司 / DC 新增一套家具	1.00							
15045A1 • 里奇韦公司 / DC 附录 1	1.00							
15045G • 松树公司 / DC 实施	3.00	3.00	2.00	3.00	2.00	3.00	2.00	3.00
16132 • 里奇韦二号阿姆斯特朗二楼	4.00							
99992 • 个人	16.00							
99991 • 假期	8.00							
	43.00	8.00	9.00	21.00	11.00	4.00	3.00	4.00
查理· 韦斯特								
16120 • 汽船顾问搬迁	8.00							
16120F • 汽艇顾问搬迁家具	8.00	8.00						
16151 • 布鲁明戴尔大厦100号罗伯茨设计公司	2.00	2.00	2.00	2.00	2.00	2.00	2.00	2.00
16118A • 罗伯茨设计实施	6.00	6.00	8.00	12.00	12.00	12.00		
16092 • 艾普斯龙公司	12.00	14.00	12.00	14.00	4.00	4.00	4.00	4.00
17008 • 银行街 9 楼 ANDR 1 号	1.00	1.00						
16026 • ANDR 100 和 200 FSP 大堂设计	1.00	4.00						
16031 • ANDR 银行街咖啡馆升级	3.00							
17013 • ANDR 地铁中心 4S 和 5N RR 饰面	1.00							
16110 • ANDR 地铁中心大堂翻新	1.00	4.00	4.00	1.00	1.00	1.00		
88886 • 专业研发		12.00						
	43.00	51.00	26.00	29.00	19.00	19.00	6.00	6.00

第七部分　放在最后的一些想法

PART VII

Closing Thoughts

▢ 第十三章

壮烈的**失败**

过去的几年里，我尝试过的事情并不都能像计划的那样顺利，有些事情甚至根本没有产生效果。幸运的是，我的三大失败成本不高，然而每一次失败都伤害了我的自尊，因为我没能坚持自己的想法。有一本我自己事先读过的书，现在推荐给大家，以避免重复我的失败。作者是奇普·希思和丹·希思，书名叫《让创意更有黏性：创意直抵人心的六条路径》（中信出版社2014年出版中文版书名，译者按）。这本书非常清楚地阐述了为什么有些观点被接受，有些观点不被接受，以及我们如何提高自己的创意被采纳的机会。

我们的想法和我们分享想法所做的简报应该通过一系列的故事，告诉人们我们的经营形式，我们的目的和目标，具体的是我们如何努力改进客户的项目。如果我将这些想法以故事的形式呈现出来，我猜它们可能更容易被接受。

这是我的3个“大创意”的失败案例——还有其他失败案例。直到今日，我仍然认为它们每个都是好主意，也希望我有机会再次展示它们。

节约蓝图

最初的几年里，我们与业主和他们的房地产经纪人合作，为潜在的租户准备适应性测试。他们的希望是，这种测试将推动谈判，使公司成功签署一份租约。我一直觉得，如果业主改变租赁流程，可以更快地让租户搬进来，更快地支付租金。我相信业主和他们的房地产经纪人是把租赁过程当成一系列独立的任务，而未把每项任务当成是一个过程的组成部分。大多数潜在租客要来到建筑4次之后才会决定签租约。

· 第1次——市场调查
客户的房地产经纪人准备一份可租房产的清单。
· 第2次——决策者到场，在清单中初步筛选
业主应填写一份建筑物对比清单，记下位置、停车情况、形象、公共区域的情况、建筑设施和成本。
· 第3次——建筑师为每个建筑准备适应性测试
建筑业主应该为租户的建筑师准备一个建筑信息包，内容包括尺寸准确的平面图及显示天花板高度、窗户和柱间距的建筑物剖面图，准确的轴心图和机械图，推荐使用的天花板网格和家具符号。最先为建筑师提供平面图和信息的无论是哪位建筑业主，都会得到建筑师的重视和最多时间的投入。
· 第4次——律师发起租赁协商
业主应先在租契摘要中填上首次报价条款，准备讨论所有主要的谈判要点。如果这些讨论是面对面进行的，大多数情况下可以在几天时间后结束。随后可能会起草租约。

如果遵循了这些简单的想法，大多数租赁就可以提前两个月进行。

完美的提案申请模板

显然，如果一个公司想要对建筑项目做出有效的竞标，他们需要有一个可以发给事务所的好的提案申请，而这就是问题所在。大多数提案申请没有包含足够的项目信息，让建筑师阐明他们的服务，从而计算费用。实际的情况是客户/代表发出信息申请，而不是提案申请。信息申请包含建筑师对公司提出的问题，如公司的历史、规模和项目类型，但很少涉及拟议项目的信息。然而，他们仍然期待建筑师寄回一个描述了工作范围和预计费用的提案。

这促使我构思了提案申请过程的标准方法。客户/代表根据希望建筑师在回复中包含的服务，只需在表格的方框内打钩即可使用这一格式。我起草了一份自己心目中的完美提案申请——是建筑师想要收到的那样。

提案申请模板包括5个部分：

1.客户可以填写的，关于他们当前状况的信息：
· 当前位置
· 在此位置的时间
· 可用面积/可出租面积
· 现有工作地点总数，包括办公室
· 迁入时已占用的工作场所和办公室总数
· 目前被占用的工作场所和办公室总数，包括一份楼层平面图
2.客户可以填写的，关于他们项目目标的信息：
· 翻新/搬迁/建造新楼的原因
· 他们想好新地点了吗？
· 他们有想要打造的形象吗？
· 在品牌/发展/工作场所战略/绿色倡议/效率/形象方面，他们想向员工和客户传达怎样的信息？
· 他们是否有预算参考（低/中/高），包括哪些内容？
· 他们对建筑师的要求是什么？
· 创造力
· 类似类型项目或类似类型客户的相关经验
· 厉害的推荐人
· 合伙人的参与
· 一个充满激情和创造力的团队，和他们一起工作很有趣
· 此外，还有一个关于保险、责任等内容的章节
3.建筑师可以填写的，关于公司的信息：
· 公司背景
· 项目工作方法
· 建议团队成员
· 建议费用
4.拟议服务范围的说明：
对于每个阶段，模板包括建筑师通常提供的所有可能的服务。每一项旁边有一个方框，客户/代表检查这是否是他们想要的服务。用这个方法，所有投标人对理想的工作范围都非常清楚：
· 预租
· 方案设计/深化设计/施工图设计文件
· 招标/施工监理
· 入住/结清

· 设施管理设置——后续工作

5.如情况适用，关于项目经理/业主代表提供的服务范围的信息：

· 制作/更新每周进度安排，组织所有会议，发送会议笔记

· 设置项目预算类别——哪些可行，哪些不可行

· 维护项目进度——安排客户参与

· 向其他顾问发送提案申请、谈判合同，管理发票/付款情况

· 将提案申请发送给家具、视听设备、信息技术、安保、搬家公司和其他供货商

· 将提案申请发送给工程管理公司

完成模板后，我把它发给了大约100家公司，包括房地产经纪人、业主代表、项目经理和一些合作过的客户。

在阅读了《让创意更有黏性：创意直抵人心的六条路径》之后，我知道自己在简报中做错了什么，后来又重新发送了模板，因为这是非常重要的。

我的说明信内容如下：

2007年3月21日

透明度对所有人都是有益的

在过去的27年里，CPG建筑师事务所通过采用新的工作方式，使用改良的技术和雇用受过更好培训、更有见识的员工不断提高标准，提高对所有客户的服务质量，不断提高服务水平。

许多人要求我们提出改变提案申请和建筑选择过程的方法，以便房地产经纪人和客户在就建筑事务所提供的答复进行理解、澄清和比较时更加清晰。

如今，潜在项目的服务范围和相应费用根本不**透明**，在搬迁或翻新工作场所时，客户往往为服务**支付比预期更多的费用**。

这主要有两个原因：首先，在提案申请中通常有一个不完整的“需要什么”的定义，这就导致每个公司在准备他们的应对措施时，通常以自己的工作范围为基础；其次，没有一种方法可以很容易地对供应商的服务范围和相关费用进行比较。

为了实现这种透明度，CPG建筑师事务所创建了一个标准的“**范围文件**”、一个“**标准提案申请**”和一个“**标准记分卡**”，供所有人使用。我们希望这种方法将促进诚实、透明、可预测性、稳定性的诞生并为客户提供更好的价值。

这种方法还能提高竞争的质量，提供更全面和恰当的服务，管理客户的费用差异水平。**得到一个双赢的局面！**

请检查一下我们准备的材料。与你的同事、朋友，甚至我们的竞争对手分享这些内容。将你的想法告诉我们。我们期待收到你的评论。

如需免费的提案申请表，请发送电子邮件至gary_unger@cpgarch.com，或致电203-967-3456。

我甚至开发了一个记分卡，帮助客户对最符合他们需求的公司进行评分和选择。

猜猜我收到了多少回复。

零。

我沉醉在自己的绝妙想法中，以至于忘记了使用一些基本的市场营销原则。

第一，我应该说明，有很多读者可以从编写信息申请或提案申请的标准方法中受益——客户、建筑师、业主代表/项目经理和房地产经纪人。

我选错了对象。如果先把它寄给建筑师，我可能会得到一些回馈——他们才是真正的受益者，他们才最了解需求。然后我就可以和其他人一起播下这个想法的种子。

第二，我应该为每组准备一份白皮书来解释我看到的问题，以及共同努力找到选择公司更优方法的好处。

第三，我应征求意见并将其纳入文件初稿。我的说明看起来过于不可更改。

尽管这次尝试完全失败了，我偶尔也会接到电话说他们需要准备一份提案申请，听说我有一个很好的模板。我本以为是双赢的结果却是双输。我以后会重新审视自己，下次要更加努力，把其他人也包括进来。

标准文件

与我想要开发一个标准提案申请/信息申请的愿望类似，我想过与其他建筑师一起探讨办公室标准的主题。

任何一家建筑公司雇用新人时都需要就图纸设置、规格编写、文件编制和表格使用的特殊方式进行培训。我提出了一种类似于程序员使用的“开放源建筑规范”的工作方法。

我的想法是确定所有公司都可以使用的相近的流程和程序。我先列出不属于我们公司品牌推广和营销计划，但却由我们不断重复的工作内容。下面是大多数公司经常使用的一些表格。在成立公司时，我制作了一套完整的，用于营销、项目管理和简报的配套表格和模板。这些年来它们已经得到了显著的改进，可以与人分享了：

	Word	Excel
行政表格		
议程	X	
施工图发布	X	
保密协议：客户	X	
保密协议：供应商	X	
赔偿条款	X	
会议纪要	X	

续表

	Word	Excel
备忘录	X	
提案申请和合同		
声学顾问	X	
视听顾问	X	
土木工程顾问	X	
工程管理顾问	X	
家具顾问	X	
信息技术顾问	X	
厨房顾问	X	
景观顾问	X	
机电水暖顾问	X	
机电水暖报价比较		X
搬迁顾问	X	
项目经理/业主代表	X	
项目经理/业主报价比较		X
结构顾问	X	
提案申请—中标通知书（适用于各类顾问）	X	
提案申请—拒绝信（适用于各类顾问）	X	
预租表格		
可达性清单——康涅狄格州、纽约州	X	
可达性合规报告	X	
ADA程序设计语言pdf格式清单	X	
建筑规范核对表	X	
申请许可证所需的建筑物资料	X	
建筑及分区分析	X	
建筑面积分析		X
建筑比较清单		X
业主回复		X
设备评估		X
实地调查清单		X
关键活动检查表	X	
初步的客户安排		X
初步建筑规范合规性	X	
人员和空间短表格		X
预租预算		X
项目初步进度计划		X

续表

	Word	Excel
场地清单		X
地盘勘测清单		X
租户工作函	X	X
方案设计表格		
预算		
施工初步预算		X
品牌初步预算		X
家具初步预算		X
人员和空间表格		X
日程安排		
时间轴		X
客户安排		X
顾问安排		X
调查	X	
视听	X	
设备	X	
信息技术/技术	X	
家具	X	
深化设计表格		
艺术品预算		X
信息技术/技术预算		X
施工图设计表格及模板		
施工图设计建筑清单		X
施工图设计机电水暖清单		X
最终建筑规范合规性	X	
更新家具规格		X
工种配套清单	X	
室内规格	X	
施工监理表格		
工程管理报价比较		X
工种报价比较		X
更改建议请求	X	
施工进度	X	
基地建设剩余工作清单		X
外部剩余工作清单		X

续表

	Word	Excel
场次序/公告	X	
家具剩余工作清单		X
室内建筑清单	X	X
长期项目清单		X
公共服务剩余工作清单		X
附录	X	
说明	X	
投标/合同条款的定义	X	
信息申请回复	X	
施工图日志		X
补充说明	X	
搬迁协调表格和模板		
清洁指南	X	
员工搬迁说明	X	
员工搬迁券	X	
验收表单和模板		
建筑项目验收	X	
客户项目验收	X	
顾问合同验收	X	

这些表格和模板都留有页眉，方便每家公司添加自己的品牌标识。所有的表格和模板都可以根据特定用途进行修改。

我后来认定，每家公司都对自己的工作保密，根本没有分享的想法。创建标准文档本身并不是一个坏主意，只是呈现出来的结果不甚理想。

▢ 第十四章

一些唠叨

教育

教育当然是我认为在学校和办公室里最重要的事情之一。我觉得建筑学院需要在5～6年的学制中融入专业实践，而不是仅仅满足于一个学期的实践课程。毕业生需要对实践有更多了解，才可能有机会在一个合理的时间内在现实世界中取得领先。需要有一个通过学期作业介绍实践课题的简单方法。公司应将继续专业实践教育作为每个项目的组成部分。即使一名员工刚开始做基本的细节工作，他也应该接触项目中使用到的所有表单。前面提到的指导是引入新课题的一个完美方式。

选择管理路线和设计路线的员工应该对公司愿意参与的任何外部商业课程加以利用。lynda.com网站上的网络课程和可汗学院的课程都很方便学习。我们练习的内容之一就是对不同的主题进行"一分钟电梯推介"。这些方法在快速推销方面非常有效，在与他人交谈时也能给员工带来知识和信心。

短暂的服务

我在前面章节中提到过这个问题，但这里还是值得再提一提。每当引入新的设计概念和实践策略时，建筑师似乎都需要重新起步。最近的热门话题是工作场所策略、空间利用以及向协作空间设计的过渡。

工作场所策略

不等建筑师们反应过来，工作场所战略咨询公司就出现了。突然之间，房地产经纪人、业主代表和家具制造商都邀请专家撰写相关文章，并举办免费研讨会。一些规模较大的建筑公司在这一领域处于领先地位，并迅速聘请了工作场所策略师，但对于一般规模的建筑公司来说，很难与其他公司提供的免费咨询相抗衡。

策划

策划曾经是建筑师前期项目工作的主要组成部分，但如今许多房地产和项目管理公司的网站上都提供“空间计算器”。尽管大多数公司都没有提供正确的公式来增加公共空间，达到可用面积、适当的附加百分比，以实现从可用到可出租的转化，但它们都是可用的。建筑师花费数小时与各部门一起确定邻接需求、跨部门工作流程和归档需求的日子已经一去不复返了。今天，大多数办公室里都很少见到档案柜了。

长期的规划

现在还有谁会这么做？建筑师们现在被告知，公司需要很多特定大小的办公室，很多的工作站，建筑师还将根据功能，计算对会议室的需求。小隔间和半私人工作区、开放式休息区和咖啡厅都是按人员数量计算的。根据各个公司的人力资源政策，确定不同的计算方法，处理备选办公区、接待处和酒店办公的空间需求。透明玻璃墙、标记墙或可移动墙是今天的流行趋势，灵活性是关键。灵活的家具，可以上下移动的桌子，可以个人控制的照明和暖通空调都是新的室内套餐的一部分。通过灵活的工作时间、可选择的办公政策和居家工作计划对未来的需求做出规划。随着许多公司租赁的总空间面积减小，每个员工的平均可用面积或可出租面积也减小。

可出租面积计算服务

这项服务现在已经不受欢迎了，我个人是很高兴这样说的。有段时间我们被要求测量房东的空间，以确定租赁或购买文件中使用的数字是否正确。两家公司以同样的方式测量同一栋建筑的可能性微乎其微，尤其使用的测量方法是REBNY法。准确比较建筑中空间利用的唯一方法是使用BOMA计算法，测量可用面积。现在，建筑师帮助他们的客户在评估和比较不同建筑的空间时，其实是在比较实际的可用面积。

费用预算/评估

与建筑师估算潜在工程费不同，总承包商和施工经理提供的这种服务大部分是免费的。这些分段装配评估是以不包含机电水暖、视听设备、安保或信息技术的概念性建筑设计图为基础的。因此，在工程的范围和质量上需要进行很多猜想，往往导致早期的估价高于预期的。没人想在制作最终规划时遇到尴尬，所以在正常情况下，早期阶段的估价较高，以涵盖各种各样不可预见的情况。

项目管理

一个运行良好的项目的关键是建筑师为客户提供建议，以及双方及时沟通。

从传统意义上讲，建筑师将这种管理服务作为他们的整体建筑服务的一部分内容。他们将在管理服务上取得的成功直接转化为项目的赢利能力。人们往往希望建筑师一方的项目经理能调整为内部流程人员，与客户保持日常联系。

从2000年初开始，客户就开始将项目管理外包，降低成本。许多建筑师错过了从他们的典型服务中抽出项目管理业务，使其成为一个专业的机会。房地产经纪人、业主代表和项目管理公司现在以风险规避为基础，向客户销售他们的服务。

他们会说:“如果你没有请人为你跟进项目，那么费用或进度就会出现状况。你需要支持你的人顾及你的需求。”

人们假定支付给顾问的费用将与建筑师获得的费用的减少所抵销。这个假设只说对了一部分。建筑师被迫降低他们的费用，但是在现实中，建筑师仍然必须在项目中安排一个项目经理与客户的项目经理进行对接，因此对于建筑师来说并没有显著地节省费用——只是减少了收取的费用。

有时候，多加一双眼睛能带来益处，但是有时候，特别是当建筑师必须通过项目经理才能联系到客户时，增加一个人可能会产生障碍。

这些只是这个行业失去的服务中的一小部分。当然，最容易从建筑师那里挖走的服务是那些几乎不用承担任何责任的服务。

第十五章

我最好的**两份工作**

考迪尔·罗莱特·斯科特（CRS）建筑师事务所：1968—1974年

谁不想让比尔·考迪尔做自己的建筑师呢？他有着那样特别的微笑。他是我共事过的最有风度的人，他说话的方式让你想跟着他走天涯。人们总是说，做简报时最重要的3件事是你的外表、你说话的方式和你说的内容。比尔在这3个方面都做得非常之好！

20世纪40年代末，几个来自西得克萨斯州的男孩创立了CRS建筑师事务所。比尔·考迪尔和约翰·罗莱特都是得克萨斯州农工大学的教授。后来，沃利·斯科特加入了他们，组建了一个获得过多个重要国家级奖项的公司，最后，经历了多次收购，他们现在是HOK建筑事务所的一部分。

对我来说，CRS建筑师事务所是我工作过的最好的公司，之后我给自己在CRS建筑师事务所、美国运通（我的下一份工作）的工作经历进行了总结，列出这些公司所做的，如今我延续做的所有重要的事情。我从未在甘斯勒建筑事务所工作过，但一直关注着甘斯勒建筑事务所的老板亚瑟、艾德和大卫，他们做的每一件事都给我留下了深刻的印象。自公司成立以来，他们一直高居行业榜首，拥有非凡的成绩。

1968年，CRS建筑师事务所在纽约开设办事处时，我直接为他们工作。他们一直在扩张，几年之内就在全美各地开设了办事处。纽约办公室的3位领导分别是查克·汤姆森、诺曼·胡佛和杰克·史密斯。他们都是事务所的合伙人，都是从休斯敦调过来的。他们年轻，充满活力，极富创造力，为他们工作的体验非常棒。在他们的努力下，纽约办事处的业务蒸蒸日上。

我是一个非常年轻的设计团队的一员。我们都很活跃，十分自信。像弗雷德·普瑞斯、彼得·皮文和彼得·冈佩尔这样的人才华横溢，不断地鼓舞像我这样的年轻人，激发我们超水平发挥。我们的办公室坐落在公园大道230号，6楼。我的制图桌就在公园大道正对的那只大钟的左边那个房间里。从这里望出去风景迷人。办公室的气氛很特别。没有一个领导人需要说，“你能不能做点什么？”不知怎么的，每个人都知道需要做什么，大家的参与就像这是他们自己的公司一样。

我们是职业破坏者。

我记得有一个星期五，查克和杰克在谈论一个重要的潜在客户，星期一要来参加一个新的商业演示。我觉得大厅看起来很破旧，所以我买了一加仑油漆，星期六的时候重新粉刷了大厅。另一个人星期六来彻底打扫了厨房，还有一个人那天下午来打扫会议室并重新挂上照片。我们都想让公司在客户心中留下好印象。我不记得我们是否赢得了那个潜在客户，但我记得这种情况经常发生。为你工作的地方感到骄傲，并不需要付出多大的努力——相信我，这是杰克和查克很欣赏的。

在CRS建筑师事务所的第二年，我的职业生涯发生了戏剧性的转变。我一直都知道，作为设计师，我不如其他人优秀，承认这一点也很不容易。大家都认为建筑师和设计师是同义词，而建筑师和经理则是反义词。我知道有一天我会接到电话，说：“我们希望你专注于管理。”最终这通电话来了。通过与查克、诺曼和杰克的交谈，我改变了方向，开始专门从事客户项目管理工作。接受这个转折点很难，但我可以很快看到我的态度和表现的改善，幸运的是，我真的很喜欢这项工作。它对我来说很容易。CRS建筑师事务所拥有我当时听说过或后来接触过的所有最好的职业实践政策。在行政层面上，每个办公室都被设置为一个赢利中心，因此，我们的项目/办公室的赢利能力一直受到来自“休斯敦”的压力。如果你读过亚瑟·甘斯勒的书《艺术的原则》(*Art' s Principles*)，你会发现他们成功的原因之一是“一家团结的公司”的理念，即所有的办公室为了共同利益而合作，而不是相互竞争。尽管如此，CRS建筑师事务所还是一家非常成功的公司。

办公室里最有趣、最有才华的人是彼得·冈佩尔。他既是一个优秀的设计师，也是一个厉害的项目经理。他是少数无论做设计师还是项目经理都可以完美胜任的人—— 不用像我一样决定该走哪条路。每个月“休斯敦”告诉我们，当我们的项目在亏损时，彼得都会抱怨。他弄清楚了，说：“我们不要把所有花在项目上的工作时间都记下来——只需要记下每天8小时，这才是我们能拿工资的工时。”我们都疯狂地加班，对于把每周花在每个项目上的所有时间都记录下来并没有多想。我们把所有的时间都记录下来是因为我们为自己努力工作感到自豪，也希望“休斯敦”知道这一点。瞧，当我们改变项目投入时间的记录方法时，项目的赢利能力和办公室的利润大幅增加。

谈论项目的赢利能力时，要对你的员工开诚布公。所有的工作时间都应该正确地记录下来，以便下一次遇到类似项目时估算工作所需时间以及计算费用。除非情况属实，否则业主不应该说项目赔钱。

CRS建筑师事务所最好的部分

在我工作过的所有公司中，CRS建筑师事务所的工作理念是最好的。不仅过程新颖，有创意，而且总是考虑到客户的最大利益。许多想法加快了这一过程，确保了好设计的产生，也保证了回头客的出现。最重要的是，这个过程减少返工的发生，确保工作遵守进度。创业时，我使用到的CRS建筑师事务所的4个主要理念是：

- 策划
- 占屋者
- 拿下卡
- 快速通道

策划

威利·佩纳是CRS建筑师事务所休斯敦办公室的合伙人，开发出了用于确定公司的人员、空间和特殊区域需求的原始方法。他的方法被称为“寻找问题”，HOK建筑事务所最近重新出版了他的书。威利从视觉而不是数字的角度开发了“需求计划”，指出不仅要考虑空间的数量和大小，还要考虑空间关系。项目空间的颜色协调有助于理解需求、邻接关系和特殊关系，效果显著。

1974年，我在美国运通公司工作，在设计他们的第一个总部大楼时使用了这些策划概念。1982年，我已离开美国运通公司，又被召回为他们位于世界金融大厦的第二总部做策划。

占屋者

CRS建筑师事务所在全美各地的设计院校中享有良好的声誉。大多数客户的位置太远，团队无法在一天之内往返，所以比尔·考迪尔设计了以下解决方案。下面是比尔·考迪尔关于布莱克威尔项目的一段话：

> 由于项目地点和公司办公室之间的通勤时间很长，浪费了很多时间、精力、金钱和想法。为了解决这个问题，合作人建立了一个临时办公室，并“占用”学校场地，直到涉及学校董事会的所有设计问题都得到解决。这个方法非常有效，因此CRS建筑师事务所将其应用于所有的未来项目中。

我们的目标是在这周结束时获得策划和方案设计的批准。这不仅是一个非常有效且能赢利的过程，客户也能完全参与进来，喜欢这个方法，很少在批准后进行重大的概念更改。它从一开始的一种必要的工作方式，变成了一种理想的程序方法以及公司的主要销售特色。

拿下卡

每个占屋者在一周的第一天，都要与所有的工作人员进行沟通，了解他们的需求。大多数情况下，项目是教育类的，会有老师、教授和学校管理人员过来拜访。我们会占用一间教室或一间大会议室一周的时间，让每个来访的人在一张索引卡上写下他们对这个项目的想法。这种方法是即兴的，但非常有效。许多工作人员由于提到了希望我们考虑的其他想法，会在一周时间里来访好几次。

我们把主题标题钉在房间各处。每张卡片只包含一个想法，它们可以是各种各样的内容，如照明、声学、家具、配色、材料、功能邻接、机械、空气质量、对自然光的要求和电气需求。到周末的时候，客户过来观看简报，看了分类整理过的墙上卡片，他们很高兴自己的想法被我们放在心上。CRS建筑师事务所团队的某个成员创造了“我们拿下了他们”，这就是“拿下卡”这个说法的由来。

第一天结束的时候，墙上挂满了卡片，上面的内容在方案开发和建筑理念层面都为我们的设计提供了很好的指引。我从参与这些占屋者的活动中学到了许多宝贵的经验：

- 大多数客户喜欢参与其中，你只需要举办合适的讨论会
- 客户喜欢你倾听他们的想法并加以运用
- 在项目中找到方法照顾到每个人的需求是很容易的
- 让客户参与没有坏处，只有潜在的好处
- 这种占屋者/专家研讨会的概念是快速分享有价值想法的最佳方式

当CPG建筑师事务所被选中设计美国烟草公司在斯坦福德的新总部时，我们使用了“拿下卡”和“占屋者”的概念来启动项目。管理层希望员工参与搬迁，这是一个很容易开始的过程。员工提出的想法让团队获益匪浅。

快速通道

快速通道这个表达已经存在很长时间了，但大多数人都不知道这个表达是怎么来的。这个涉及工程和建筑行业的表达是1968年创造出来的。故事是这样的[4]：

4.“Fast-track building construction”，维基百科，2018年3月5日访问，https://en.wikipedia.org/wiki/Fast-track_construction。

> 1968年，纽约州立大学建设基金(SUCF)聘请CRS建筑师事务所研究缩短工程进度的方法。研究成果假设SUCF可以用分阶段工程法节省25%～45%的时间。这个比率大得惊人。他们可以在遵守采购条例的前提下，根据资质选择一家公司(施工经理)提供工程管理服务——施工经理不会提供工程劳动力和工程材料。施工经理不进行任何实际的建设工作。与建筑师一样，施工经理也有作为代理人代表业主最大利益的职责。施工经理将在设计阶段就费用和施工技术问题向建筑师和业主提供建议，并估算总费用。建筑师将分阶段完成施工图纸，施工经理将对这些工作阶段进行公开招标，将设计和施工活动相互覆盖。例如，一旦基本建筑配置确定，该阶段工作的图纸已完成，施工经理可能就场地清理接受报价。通常情况下充当分包商的公司将对这项工作投标。中标公司将与业主直接签订合同，从分包商转变为主承包商。业主会有多个主承包商合同。

这一过程的创造者是CRS建筑师事务所的查克·汤姆森。CRS建筑师事务所的纽约办公室使用快速通道流程设计和管理了SUCF在长岛的多个学校的建设项目。与传统学校相比，这些采用预制件的单层学校的建造速度更快，成本也更低。它们在学区应对容量危机方面发挥的作用令人称道。这个流程是如此成功，后来即便是没有使用预制件的情况下也被用于CRS建筑师事务所的许多其他项目。从中得到的经验是，仅在已经有一个被客户、建筑师和承包商接受的积极规划，覆盖各个工作阶段，能够在较短时间内完成相同工作量时，快速通道才是一个有效表达。

如今，许多客户、项目经理和业主代表都在谈论“加快速度”的必要性，却没有建立控制流程去节约开支。在没有获得正式批准的情况下，一味求快会导致大量工作返工，增加额外的成本和时间。快速通道并不是为了提高利润而延长工作时间。

在CRS建筑师事务所工作的6年对我来说很特别，因为管理层信任员工，让其发挥自身作用。没有无微不至的照看，也没有手牵手的扶持。如果你没有作用或不能发挥作用，就出局了。回顾这段经历，我发现整个办公室都是一群喜欢一起工作，能超额完成任务的人。

加入CRS建筑师事务所时，我26岁。一想到他们信任我去拜见客户——有时是一位大学校长、一个教育委员或一群教授，我便觉得不可思议。准备这些会问到的问题或者回答标准问题的答案简直是我工作最卖力气的时候。我在CRS建筑师事务所学到的，后来当我在美国运通工作的时候发挥了关键的作用：如果你不知道一个问题的答案，不要装模作样地回答或者为自己开脱。只需要回答：我不知道，会尽快弄清楚的。设定了项目目标以后，团队有很大的灵活性来设计出对客户最有利的工作方法。主理人们谈了关于管理预期的很多问题——既有客户也有公司的期望，并努力使双方需求一致，最终得到一个有效的解决方案。

美国运通公司：1974—1980年

1974年，一个朋友建议我面试美国运通公司新总部设计项目的“规划和设计主任”岗位。新总部项目位于曼哈顿尽头的布罗德街125号。我从未参加过公司面试，所以不知道该做什么，如何准备，也不知道该穿什么。对于离开的想法我犹豫了很久，因为CRS建筑师事务所的确对我很好。我一定是通过了第一轮选拔，因此被要求参加第二轮面试，与房地产集团的负责人进行会面。幸运的是，集团副总裁参加了这次面试，经过面试开始前的聊天我发现他也住在格林威治，这成了破冰之举，我从浑身颤抖的状态变成了只是坐立不安。从那往后，会面进行得就很顺利了。我知道自己尚不具备这个岗位要求的经验或资格，所以当被问到我将如何处理项目的管理时，我陈述了自己为CRS建筑师事务所管理教育项目的方式。我从来没有做过那么大的学校项目，但我想自己经手过的所有学校项目加起来肯定不止这些。

经验教训——如果被问到有什么类似的经历，而你的回答以“嗯，我没有……”开始，那么你可能不会进入下一轮面试。相反，如果你的回答以“我有过类似的经历，我来讲一下”开始，那么你也许能进入下一轮。

这是我想到的第一件事，所以我脱口而出。我不可能假装自己对纽约高层建筑有任何经验。我对公司的组织结构一无所知，甚至跟我有一张美国运通卡，使用他们的旅行支票，在美国运通旅行办公室预订过旅行这种事都搭不上边。我真的感到黔驴技穷。我把自己能想到的所有与校园规划有关的比喻，以及它们如何与企业规划直接相关都说了出来。我谈到了不同的领域：建筑、科学、工程、人文……尽管每所学校通常都有自己的教学楼，但确定需求、定义空间、设定标准、准备布局以及获得全体教员批准的过程与在一栋楼中设计部门类似。

我甚至做了一个愚蠢的声明，如果你把所有的学校都堆在一个校园里，就会像一个高层建筑那样，然后试图证明实际中的校园规划可能更难。他们早就看穿了我的表演，但还是一直配合我，并在我无法自圆其说之前打断了我。最后我得到了那份工作。后来他们说，喜欢我应对事情的方式，虽然我完全惊慌失措，但我和他们在一起时一直看起来很自如。

我总是说，“怎么能错过这样的机会呢？”我在管理大项目方面**非常缺乏经验**，在面试过程中我将这一点告诉了他们。我不知道他们看上了我的什么特质，但他们信任我，知道我将努力工作，光是这一点就让我感觉很好。

接受新工作是一个简单的职业决定，但是一个非常困难的个人决定。CRS建筑师事务所的团队是最棒的，从中央车站出发到格林威治的办公室只需搭乘一站的火车，在公园大道230号乘电梯直达6楼，再沿着大厅走一小段路就到了。要到市中心的美国运通公司办公室，我必须从中央车站坐30多分钟闷热的地铁到华尔街站，然后再走3个街区才能到达。这让我每天的通勤时间增加了大约一个半小时，每天总共增加了三个半小时。真是太糟糕了。

我原本计划在美国运通公司花两年时间完成总部大楼的建设，然后再回到CRS建筑师事务所，但项目完成后，我被要求留下来，运营全球规划设计集团。我在这个职位上又干了5年。这是一家极好的公司，拥有分布在全球的让人难以抗拒的各式项目。在我的任期里，美国运通公司在125个国家拥有各种类型的项目3500个。我拥有一个庞大的团队，但最让人羡慕的是我可以决定亲自负责哪一个国家的项目——我选择了英国、法国、意大利、加拿大和墨西哥的。

任期前两年：1974—1976年

美国运通公司从一个一年前被取消抵押品赎回权的开发商手里买下了曼哈顿布罗德街125号一栋空壳大楼。大楼框架的修整和随后所有美国运通公司员工的搬迁成了纽约历史上最大的一次民间搬迁行动。近3000平方米的大楼里每一层都大敞四开，没有防火设施、电梯、卫生间、机械、电气设施、管道等。等待我们处理的是一片空白的空间。

顾问团队的挑选和管理是非常棒的经历。我们选择了ISD作为主导设计公司，鲍勃·费马为首席设计师，H.L.拉扎尔为总承包商。作为参与这个项目的年龄最小的人，同时也是项目主管，我有时晚上坐地铁回上城区的时候会想，第二天又会遇见什么情况。与纽约的工会和建筑部门一起工作是一次令人难忘的经历。

取悦部门总裁

这个项目最困难的部分之一是让集团每个部门的总裁——卡、旅行、旅行支票、银行等相关部门——以及他们的员工商定在哪层办公。大家都想进入美国运通公司高管们使用的顶层直达电梯。新进入公司，不了解公司政治是我的优势，所以我对平面图和分区图的建议纯粹是基于工作流程，预估人员数量、特殊区域需求和楼层面积。共有4个电梯组，在每一层的使用面积都不甚相同。

现在回想起来，我当时只需要将自己的评论和建议建立在事实的基础上。如果我的建议转向道听途说或别人的想法，我一定会崩溃的。到现在我还记得丹经常说的“别给我带来问题，给我解决办法”。

丹从福特公司跳槽到美国运通公司。他在福特公司担任了多年的房地产主管，很有自己的做事风格。我的第一印象是他对我之前的任何项目都没有了解，但我很快意识到他不仅知道我知道的一切，甚至比我了解得更多。他总是十分放松，看起来一副无忧无虑，随时准备去打高尔夫球的样子。如果我提前完成了一个项目，他会说我把进度估计得太松。如果我在“拨款申请”的范围内完成了一个项目，他会说我把预算估得太满。表面上，和丹在一起你赢不了，但在内心深处，你知道他尊重你——他只是喜欢玩猫捉老鼠的游戏。丹要求每个人都要拿出解决方案，而不仅仅是提出问题，我越想越觉得他就是我想为之工作的那种人。

经验教训：当你只提出问题的时候，你可能不喜欢整天执行别人的解决方案。当你为问题提供解决方案时，你就能更好地管理工作的方向。

楼层分配

我们很早就商定，在决定楼层分配时，每个部门的空间需求须以今后5年的人员编制预测为依据。尽管每个部门都准备了5年商业计划，但它的内容更多是对新产品和服务营销计划的描述。计划不包括实现业务目标所需人员或相关空间的预测。

在阅读了几份商业计划后，我意识到我可以为各部门提供非常有价值的服务：通过学习他们的营销计划和商业预测，生成相应的人员和空间需求。事实证明，这很容易做到。一旦确定了每个小组的活动指标，我就可以将预测除以指标，得到需要的人数。作为项目团队中唯一一个知道如何进行空间计算的人，我得以说服团队，我的堆叠选项是最好的方法，造成的干扰最小，并且在未来几年里不太需要重新堆叠。

一开始我没有意识到让每个人都同意我的建议的困难程度，其中的问题是没有一个团体想为不立即使用的空间付费。尽管根据部门占用的空间来收费的概念有点愚蠢，但这是我们必须克服的障碍。

当我们决定所有的增长空间成本将由房地产部门消化时，各个部门批准了他们的增长预测、空间需求，以及建筑的堆叠平面图。我在给管理层做的报告中说明，比起各个团队在每次增加人员或感到空间不足时都要搬家的成本和干扰，公司消化所有额外空间的开销的费用要少得多。回想起来，靠着我们部门为数不多的工具——一个四功能计算器，一卷92cm宽的牛皮纸，一台打字机，还有秘书室里王氏文字处理机的使用权限，我们做到这一切的速度称得上令人印象深刻。那是

1974年的事情，而我拥有第一台电脑则是1982年，创建CPG建筑师事务所是两年之前的事了。那是一台双软盘的IBM电脑，功能远比不上我的iWatch。

向董事会所做的视觉简报总是手绘在牛皮纸上，尺寸通常是约1米高，2米长，垂直钉在会议室的墙上，显示将各个部门分布在41层楼的分布。为了将其展示出来，我们在牛皮纸上覆盖聚酯薄膜，用彩色图形显示工作群的主要分布情况。几周后，设计图得到了批准，设计工作开始。

突然出现的资源

当运行一个大项目时，你会很快意识到你的决策有多重要，有多少人突然说他们是董事长的朋友，在他家里干过活，给他的卧室铺过地毯，或者为他做过景观。不论是哪种情况，最重要的是区分这些人中谁说的是真实情况，而谁只是想从中分一杯羹。不幸的是，想做到这样，唯一的办法就是与每一个人见面。了解你是否需要考虑其中的一些想法也很重要。最糟糕的情况就是把那些有好主意或好产品，能帮得上忙的人拒之门外。幸运的是，在所有情况下董事长都让我们决定选用哪些产品和服务。我们做的每一个决定都必须有招标做支持，因为我们知道整个项目都会被审计。我们成功地通过了最终审计。

现在CPG建筑师事务所也是如此。我们收到来自供应商的很多请求，他们宣称有很棒的产品或服务理念。很多人说他们认识甲方公司的负责人。我们必须和每一个人见面，给每个人一个公平的机会，因为我们试图介绍自己公司时，也希望别人能给我们一个公平的机会来陈述自身的情况。

当有人提出一个好主意时，我们经常会感到既惊讶又高兴。供应商代表和制造商代表对我们非常重要。

人事预测及空间预测

对于每个部门和所有的工作人员，我们必须为设计师准备详细的人员名单和空间要求，这样他们就可以着手准备测试以进行评估和批准。我设置的模板使我们能够使用现有的3年和5年业务预测，并通过转换活动指标，预测人员和特殊领域的要求。这个过程的关键是让每个部门的负责人在预测计划上签字。表单被设计成动态文档，可以随着人员的变化而轻松更改。这样，这些团体就可以积极参与他们未来需求的规划活动。

设计理念

在楼层规划开始之前，我们举行了一系列会议，决定员工在新大楼中的分布和空间使用情况。搬进这座建筑的人来自纽约城中不同的地方，有些人对自己的空间保护欲很强，他们想把这些空间带到新建筑中去。我们需要做出一些影响所有楼层设计的决定。一旦获得批准，这些标准或指导方针就会交到设计师手中，让他们开始准备平面图。

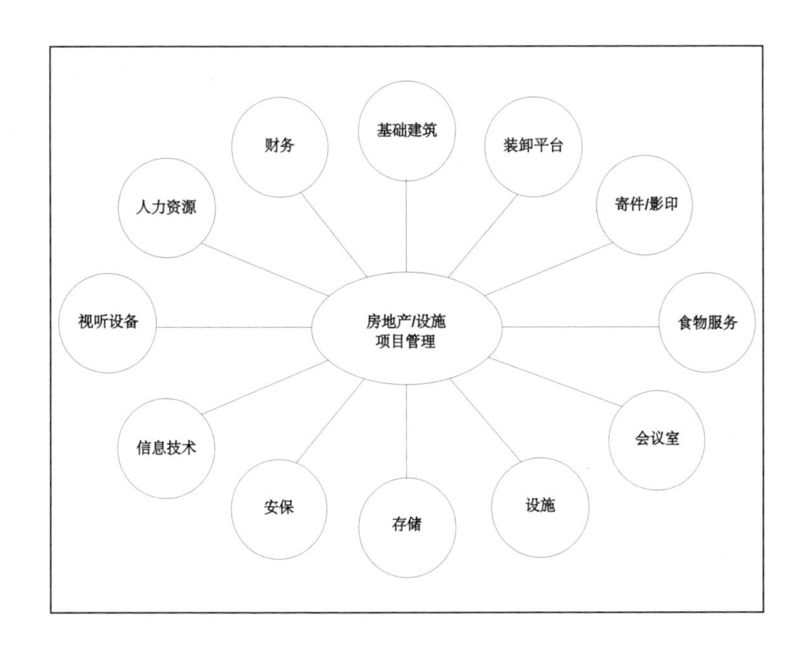

说“不”

拒绝别人很难，尤其是拒绝那些比你级别高的人。无论是哪种规模的项目，总会有一个日期，在那之后将不允许再对平面图进行修改。如果我们不这样做，就无法将施工文件准备好，也无法开始工程施工。我们都知道变化可能有很多种：有些需要修改平面图，有些则很简单。因此，你需要在“同意”和“不同意”之间把握好分寸。

不管是谁打来电话，或者是要求做哪种类型的改变，我都有一个标准答案。这些年来，我的标准答案对我很有帮助：它一直是“我们来看看你想要的究竟是什么”。诀窍就是想办法答应对方的请求。拒绝对方，作风强硬很容易做到。如果事情变得激烈起来，他们甩出董事长的名字，我的回答是我们应该一起去见董事长。任何请求到这通常就结束了。尽管如此，我还是努力实现每个人想要的改变，因为我知道将来的某一天，我可能也需要他们的帮忙。

指标最棒

在各行各业中，掌握能够随时获取的准确信息对于做出明智的决定至关重要。能够记住租赁数据、部门指标、进度信息和成本数据则对能否及时回答管理层的问题至关重要。问题出现时你可能正在开会、打电话或者站在董事长面前，这些情况可能是最难处理的。无论任何时候，你都需要做出专业的回应。管理层希望设备经理每时每刻都能掌握具体情况，这确实是我工作中最难的一部分。在1974年想要记录数据是很困难的。我们没有个人电脑、传真机、手机、电子邮件，也不能发短信。我们有一个四功能计算器，一台打字机，还有秘书室里王氏文字处理机的使用权限。我们用了大量的多栏账本。我总是说，总有一天我会建立一个系统，让设备经理们在管理层面前有很好的形象。我最终做成了这件事，直到今天，这个系统的销售情况一直不错。

我最大的惊喜

通过这个项目，我在与公司同事一起工作方面有了很多收获。我相信美国运通公司的员工，从上到下，与任何一家其他公司的员工并没有什么不同。概括起来就是：

- 中层员工是最难相处的，因为他们有时想通过托人帮忙，甚至是希望得到偏袒来给上级留下好印象。他们经常在办公室和工作站分配的“等级分级系统”中奋力争取特例，或者希望他们的部门能分配到大楼最好一侧的最好角落
- 底层员工是最有感激之心的。在我能想到的每一个案例中，即使只是简单地搬进一幢干净的、暖通空调系统正常工作的新大楼里，他们都是从搬迁中获益最多的人群。每个人都得到了全新的家具，全自助餐厅，以及其他特殊空间的使用权，这些都极大地提高了他们的幸福感
- 管理层的员工都很好相处。他们理解房地产部门的任务有多么艰巨，所以总是主动为相关会议空出档期。各部门总裁和职员的业务各不相同，人员特点也千差万别。一个屋檐下有银行卡部、旅行部、美国运通银行部、旅行支票部，以及人事、会计、财务、行政、房地产、法律、技术等所有部门员工的办公室

所有员工的工资等级是基于海氏工作评价系统决定的，一个人得到的分数被用来决定许多事情，最重要的是，办公室或工作站的大小。有些人可能记得，大公司使用海氏工作评价系统来评估每个工作，分配职责和权力。每个人得到的分数是由许多公司里相同职位的平均值决定的。美国运通公司的每个人都与海氏工作评价系统的顾问进行了面谈，对自身的工作进行评估。

幸运的是，我的一个朋友向我简要介绍了回答这些问题的技巧，得知自己的分数后我惊讶不已。朋友告诉我，回答每个问题时都要说：

- 我有权支出……
- 我有权雇用……
- 我有权批准……
- 我有责任……

无论问题是什么，我的回答必须是一个行动声明，表明我得到了管理层的同意，无须询问，就可以做很多财务和程序上的决定。很多人都承担着众多责任，但很少有执行的权力。对调查员来说，我听起来一定像是与董事长平起平坐的人物，因为我得到的分数高，印象里我最后分配到的办公室和部门经理的一样大。

经验教训: 接受面谈之前一定要做好功课。

我们收到的最荒谬的请求是在搬进大楼之后发生的。一个星期一的早晨，一名高管助理打电话到办公室，希望我们叫一名搬运工去办公室把无花果树掉下来的叶子捡走。她并没有开玩笑。

后项目生活

除非你在公司工作过，否则你想象不到在公司搬进新办公楼之后，设施组想要应对新工作有多困难。当尘埃落定，顾问的工作结束之后，公司内部设施组的工作才刚刚开始。想要针对用户对变化的潜在需求做出足够快速的反应很难。

为了维护和平，我制定了一个先进先出政策。我们按收到请求的顺序依次处理——或者至少让大家认为我们是按这样的原则工作的，这是我回报那些在工程初期帮助过我的人的机会。我从未想象过，也从未意识到每天产生的房地产类请求可以如此之多，其中一些完全是为了无关紧要的事情。

以下是一些例子:

· 有多少个闲置的工作站可用?
· 哪个位置可以在两周内准备出10名实习生的办公空间?
· 财务部有一个人周一过来上班，需要增加一间超大办公室
· 上城区有一个团队的租约到期了，我们想要他们搬到总部来，能把他们安置在靠近我们部门的哪个地方吗?
· 我们将提升5名经理为副总裁助理，需要为他们更换更大的工作站
· 比尔升职了，我们需要为他的办公室配备副总裁级别的家具
· 我的办公区太亮了，我太热，我太冷
· 我的桌子下面有虫子
· 走廊饮水器里的水不够凉

这些问题大部分都是公平合理的，有些则需要进行更多的思考和规划。只凭着建筑师留下的一组蓝图和几卷描绘图，想要给用户的问题找到解决方案并进行反馈需要花一些时间。

很明显，许多人不喜欢等待。你无法摆脱他们，他们会在电梯、走廊和厕所里找到你。他们甚至会在你的办公室门外等着请求得到处理。设施经理每天都要面对的要求可归为两种基本类型：

> 1.出于正当商业理由且必要的要求。这些问题通常会影响相邻群体。如果只提供有纸和铅笔作为工具则意味着探索想法，评估选项，以及执行决定需要花费更多时间。
>
> 2.还有一些要求是因为员工不想坐在我们安排他们的位置，或者他们想去某一层，离某位重要人物更近。他们通常会这样开头："董事长觉得，让我们团队换一下位置是个好主意。"我的回答则总是，"我可以和董事长讨论一下吗？"对方的这些问题就会消失——但总需要经过一番挣扎。虽然这类问题更容易回答，但解决它们总是需要更长的时间，它们也是最大的压力来源。

在任何行业，当你不能及时回答一个问题时，提出问题的人就会对你的能力失去信心。这是让我最感挫败的事情，也使我产生了一个想法，希望未来有一天能设计出一个程序，使设施经理们能够随时获得信息，及时回答问题。

尽管如此，我们在没有传真、手机、电子邮件、短信、即时消息、Skype等工具可用的情况下，还是做得很好。原因是我们预计人们在提出请求后，一段时间之内不会与我们联系。而在当今世界，人们希望在几分钟内就得到答复，如果我们不能给出一个快速、准确的答复，就会让对方不开心。

因为我有过企业经历，虽然是很久以前的事了，但可以说，每个计划进入建筑行业，特别是室内设计行业的人，如果能花上几年时间了解企业的结构运作，都会从中受益。你会学到如何每天与管理层打交道，以及如何与客户就他们的需求进行协商。

从作为甲方的工作中学到的最重要一点是项目永不停歇——它们只是从一个阶段过渡到了另一个阶段。当顾问们完成工作回家以后，就到了内部设施组开始工作的时候。那是“后项目生活”，记得做好准备。事实上，开启新工作比一开始建房子要困难得多。

为美国运通公司工作是一段令人难以忘记的经历。在5年的时间里，我度过了十分有趣的旅行时光，主要是每次两周的行程，到墨西哥、英国、法国和意大利做项目，这倒是令我妻子非常沮丧，因为她和两个小孩被留在家里。

做一个战略思考者

前面提到过部门的商业计划，以及大多数公司的商业计划实际上是为处理新产品或新服务提议而制作的营销计划。如果不掌握与经营理念相关的情况，很难从房地产的角度为这些团体提供预判和协助。

很明显，作为一个设施经理，涉及帮助部门预测扩展现有设施或增加新设施的需求时，你只有两个选择：

1.等到部门员工大喊：“帮帮我们，我们需要更多空间！”
2.通过与部门合作，预测发展情况，学习有预见性地规划他们的需求。

总部项目完成后，我换了一个新职位，我个人的目标是改变房地产部门的工作方式，从**总是**处于危机模式到只是**偶尔**处于危机模式。

1977年，我设法拿到了银行卡部的商业计划样本，花了些时间分析他们想要如何发展业务。我知道每个区有多少个部门，每个部门的工作人员数量，他们的工作效率，以及占据的空间多少。我为每个部门编制了与部门人员配置相关的活动编号，在短时间内创建了一个关系矩阵，呈现出每个组别处理的工作单位数量与该组中的人数，以及他们与所占用的空间大小之间的关系。

同年，我就对他们应该在什么时候扩建现有设施或建设新设施提出了建议。让一个设施上线平均花费2～2.5年的时间，所以我提供的信息很有帮助。这也给我带来了更大的荣誉——第二年受邀参加每个部门的商业计划会议。

第十六章

预测职业的未来

我认为建筑实践的未来将基本上反映综合商业中正在发生的事情:

· 企业将更加全球化
· 以牺牲中型公司的利益为代价，大公司将继续扩大规模
· 客户将继续减少合作供应商的数量，并专注于那些行事风格接近战略合作伙伴而不仅是供应商的供应商
· 国内承包合同将成为常态，单一项目合同将减少
· 未来建筑公司要为企业项目考虑，需要具备多学科能力
· 精品事务所将继续为专业项目服务
· 在10年左右的时间里，大多数建筑公司可能会从他们的名字中去掉“建筑师”这个词
· 相关专业人士——房地产经纪人、业主代表、项目经理——将继续吞噬更多的免责服务，而将有责服务留给建筑师、工程师和承包商
· 建筑师需要了解如何提供基于价值的服务，否则建筑服务将会同商品一样进行投标
· 具有3D建模和设计能力的非建筑公司将承担大部分的初始项目设计工作
· 电子邮件的使用将大大减少，其他更安全，能够提高决策速度，更容易存档和自动删除的通信工具将被引入。人们甚至可能重新采用打电话的方式来改善通信情况
· 开放式办公室将逐渐回归更为传统的办公室，降低噪声水平，减少病假和旷工，提高私人工作的能力，提升私密度
· 虚拟现实演示将成为常态
· 更多的员工将居家办公，至少是部分时间居家办公，从而减少对租赁空间的需求。租赁空间将有更多的协作性布置和私人聊天空间

- 需要精密设备的视频会议可能会变得不那么流行，因为会议将在笔记本电脑上的虚拟办公室举行
- 女性在建筑领域，从事项目管理职位将更加普遍
- 市场营销将专注于如何成为更好的战略合作伙伴

幸运的是，我预测建筑这个职业还会存在很多年。正如上面提到的，它可能会发生一些变化，但无论你是自己创业还是为别人工作，它都将是一个激动人心的、有回报的和可能收益丰厚的职业。

无论你是刚刚起步，希望更进一步，还是已经开始经营自己的公司，我希望这本书能在成功之路上助你一臂之力。对于建筑师来说，这是令人兴奋的时期之一。技术可能正在改变这个行业，但它也为住宅或商业设计的更高效和更具创造性的解决方案开辟了众多可能性！

现在我们大部分人开会的方式。

未来我们开会的方式。谁能关一下灯？会议结束了！

术语目录

权责发生制： 权责发生制记账法是在赚取收入或开具账单时记录收入，在费用发生时记录开支。

附录： 在接收投标前发布的补充文件，目的是澄清、更正或以其他方式更改以前发出的投标文件。

附加服务： 在业主和施工经理的协议中明确认定为在基本服务之外提供的服务，也称为补充服务。

议程： 通常是在会议前准备的内容，列出会上要讨论的要点，有时指的是主题列表本身。

协议： 阐明双方之间关系和义务的文件，如施工经理和业主或承包商和业主，能以引用的方式并入其他文件。

美国建筑师协会： 是美国注册建筑师的专业组织。

便利设施： 便利设施是指大楼为租户提供的增强功能，可能包括安保服务台、健身俱乐部、车库、健身中心、会议中心、自助餐厅、儿童游戏室、公共休息室等。

美国运通公司： 又称Amex，是美国的一家跨国金融服务公司。

应用程序： 专为智能手机和其他移动设备设计的软件。

最低投标人： 就投标文件、投标表格或合同中所述的工作分工提交最低标价的投标人。

批准： 客户对某个任务、概念或工作阶段给予的书面许可。

经批准的投标人名单： 为提交可靠的竞标而经过了资格预审的承包商名单。

经批准的变更：合同文件中通过已商定的变更审批程序并经有权批准变更的一方批准的变更。

建筑师：设计和制定建筑规划的商人，通常监督建造过程。建筑师是规划、设计和审查建筑施工过程的人。

竣工图：显示实际安装成果的建筑图纸(平面图)，也称为施工记录图。

美国工业设计师协会：是美国最大的室内设计师专业组织。在协会2万名执业设计师中，6500人主要从事商业领域的设计，4000人主要从事住宅设计，剩下的9500人在两个领域都比较活跃。

中标：当客户选定一家公司在建筑任务上协助他们时，这家建筑公司称这次“胜利”为中标。

投标：供应商对提案或提案申请中所描述的特定工作做出的回复。

投标文件：指业主向承包商发出的描述拟开展的工作和合同条款的文件。投标文件通常包括设计图、规格、合同表格、一般条件和补充条款、提案或投标表格以及其他信息。

招标：从顾问、承包商和/或分包商处获得报价的过程，通常根据一份提案申请或一套包括设计图、材料清单、细节和规格的，称为施工文件的完整文件进行。

账单：顾问每月寄给客户的发票总和，按时间、总额或施工费用百分比列出所有项目费用。发票还包括所有报销费用的清单。所有顾问的每月发票总和就是公司的每月账单。

分块图：用图表示一个楼层的部门和功能规划。

节约蓝图：CPG建筑师事务所设计的一款产品，旨在帮助业主有效地吸引潜在租户入住他们的大楼。

蓝图：建筑或施工项目的建筑设计图，可能包括楼层平面图、地基平面图、立面图、基地图和各种进度表或细节。

建筑和业主管理协会：是一个由美国和加拿大的商业房地产专业人士构成的专业组织。会员包括楼宇业主、管理人员、开发商、建筑师、租赁专业人士、企业设备经理、物业管理人员，以及经营商业地产所需产品和服务的供应商。

(个人)品牌推广：（个人）品牌推广是人们将自身和所从事的职业作为品牌进行营销的实践。它是一个在他人的头脑中建立个人、团体或组织的预先设定形象或印象的持续过程。个人品牌推广通常涉及将自己的名字应用到各种产品上。

预算：业主为项目或计划分配的金额。

建筑部门：指在市、乡、县政府内，配备了有资质人员的，对建筑物是否符合建筑规范做出专业判断的部门。

建筑许可证：由通常称为建筑部门的市、县或其他管理机构签发的，给予建造或翻新建筑许可的书面授权。建筑许可证针对的是申请中所述的特定建筑项目。

CAD：计算机辅助设计的英文缩写，是建筑项目的图纸创建、修改、分析及优化的计算机辅助系统。CAD软件可用于提高设计人员的工作效率，改善共享文档的专业人员之间的交流。CAD输出通常以电子文件存档或打印的形式进行。

资本支出：是为下一个自然年规划资本项目的准备和总结。建筑师、工程师和承包商与公司的地产和设施经理一起制定资本支出预算。

资本改良：是使房产增值、适应新用途或延长房产寿命的内容。资本改良项目通常需要进行折旧，而维护项目通常需要进行支出。

职业道路：一个人在职业生涯中所走的路线，通常由职业顾问或指导顾问提供协助。

现金流：是指与公司经营，也就是与日常业务有关的现金流。

现金收付制：现金收付制记账法以收到现金和支付费用为记账对象。

符合使用证书：是由负责房产所在区域土地和建筑物使用的地方政府机构颁发的证明书。符合使用证书说明房产的结构或对这些结构所做的任何改进符合政府机构的规范、条例和法规，并且房产可以被使用的情况。

工程变更通知单：合同双方之间订立的书面协议或指示，体现对原合同的补充、删除或修订。工程变更通知单标明价格和时间的变更，并描述所涉及工作的性质(范围)。

变更条款：改变原始合同文件所依据的条件或情况或其他性质的条件或情况。

清单：清单是一种信息性的工作辅助工具，是提醒用户不要忘记重要任务的“待办事项”列表。清单有助于保证任务执行的一致性和完整性。

返工：在本书中是指重做事先已做（通常已得到客户批准）工作的过程。

验收：客户搬进房屋后，向房产管理部门描述大楼内所有运营要素的过程。验收内容可能包括机械、电气、管道、消防、应急电源、安保、视听、照明等系统。验收是施工项目的最后一个阶段，包含所有竣工文件、产品保证书和保修单的副本。

工程管理费：一种合同规定的劳务费用，是针对施工经理所提供的服务支付的费用。

规范：即建筑规范，列出所有施工要求。法规以建筑规模、建筑类型、用途和使用率为基础，通常根据所在辖区不同而有所不同。

调试：设施的启动、校准和认证，见验收。

康斯特普：康斯特普是一家商业咨询公司，为制造商和其他企业提供战略指导和运营方法，使公司在当今充满挑战的经济环境中更具竞争力。康斯特普咨询公司提供商业和技术解决方案，帮助公司实现战略增长，提高赢利能力，并创造可持续的市场竞争优势。

工程预算：工程所有预期项目的费用总和。总工程预算通常包括设计意外开支、承包商费用、通用条款和保险。

施工合同文件：双方商定的作为签订合同依据的文件。通常包括最新的投标文件，体现业主和承包商之间的协议。

施工文件：为承包商建造建筑而准备的一套设计图、规格、材料说明和细节。

施工贷款：由贷款机构为建造或翻修建筑物而提供的专项贷款。

工程管理：在规划、设计、施工和完工后阶段应用于工程项目和规划的一系列服务，实现质量、成本、时间和范围管理等项目目标的一种专业管理实践。

施工经理：职业的施工经理管理整个项目。施工经理通过协助预先计划、设计、施工、工程和管理专家，确保无论使用何种类型的项目交付形式都能获得最佳项目结果。施工经理不是总承包商。这一术语经常与项目经理通用。

施工监理：建筑师、工程师和其他专业人员观察承包商的工作，确保他们按照施工计划和规格进行施工的过程。

施工进度表：对项目施工时间进行的图形、表格或叙述性的描述，按顺序显示活动和活动的持续时间。

应急费用：指建筑预算中包含的用于支付不可预见情况的款项。

合同：在两人或多人之间建立的协议，规定了做或不做某一特定事情的法律义务。

承包商：以设计图、规格和合同文件为标准对完工情况负责，提供和控制劳动力、材料和设备以完成工作的组织或个人。

《合作竞争》：由亚当·M.布兰登伯格和巴里·J.纳尔波夫合著的一本书的书名，描述了在一个项目上公司之间有时相互竞争、有时相互补充的现象。

求职信：在本书中指向未来雇主介绍个人持有的专业资格的信。

CPG建筑师事务所： CPG建筑师事务所是由加里·昂格尔于1980年创立的一家建筑公司，总部位于康涅狄格州斯坦福德市(原名企业规划集团，几年后更名为CPG建筑师事务所)。

关键路径法： 关键路径法是一种用于项目规划和控制的调度技术。它将所有相关信息组合成一个单独的可视化表达，明确操作的顺序和持续时间，以及完成项目所需工作元素之间的相互关系。

CRS建筑师事务所： 考迪尔·罗莱特·斯科特建筑师事务所成立于休斯敦，经过多次并购后，目前是HOK建筑事务所的一部分。

文化： 企业文化是指决定公司员工和管理层如何互动及处理外部业务交易的信念和行为。通常情况下，企业文化是默认的，而非明确规定的，会随着时间的推移有机地发展起来。

数据库： 在电子表格或软件应用程序中捕捉到的信息，可加以组合，生成报告和图表。

深化设计： 建筑师工作中处理细节、选择材料、选择家具以便客户进行评估的阶段。

设计师： 执行设计，针对将要执行的工作制作设计图和规格的个人或组织。设计师可以是建筑师、工程师，或者一个兼有专业服务的组织。

颠覆者： 在本书中，颠覆者指能够主动迎接那些对行业的赢利能力、形象和增长产生积极影响的新理念和新服务所带来的挑战的个人或公司。

制图： 用来描述在CAD软件出现之前的手工制图操作的术语，常称为机械制图。制图时，建筑师使用丁字尺或平行尺。

效率： 从空间的角度来看，它是可用空间与可出租空间之比，得出的百分比表示空间的效率。从操作角度来看，则是衡量在一个问题上所花时间与分配时间的差异。

立面图： 建筑物侧面的图画或照片。

企业家： 组织并经营企业的人，比一般人承担更大的财务风险。

构想：建筑项目的第一阶段的名称。在这一阶段，客户会被问到有关公司目标和文化、工作流程、人员配备、发展增长、设备需求目标，以及照明、配色和工作场所标准方面的设施目标等一般性问题。

预计完成费用：一个项目将产生的剩余费用的最新估计。

预计最终费用：项目完成时，项目或项目要素的预期费用，是施工、顾问、家具、信息技术、视听设备、安保、品牌元素和搬迁费用等所有项目费用的总和。

伦理：支配个人行为的道德原则。每家公司都为员工的行为设定标准。

立面：通常是建筑的主立面和正面。

设施管理：设施管理是一个包含多个学科的专业，通过整合人、地点、流程和技术来确保所建环境的功能。设施管理也是设施经理用来管理和报告空间、人员、家具和设备的一类软件的名称。

快速通道：将一个项目的设计分为不同阶段，以便在整个设计阶段完成之前就开始施工。施工阶段与设计阶段的重叠。

工地通知书：业主或施工经理在现场发出的通知书，用于澄清和/或要求承包商执行合同文件中未包括的工作。工地通知书通常代表不涉及合同价格或时间的微小变化，可能是也可能不是工程变更通知令的依据。

最终设计：为工程投标目的而完成图纸的设计阶段。在此之前是初步设计阶段，在此之后是采购阶段，是设计人员对于采购前设计过程的最后一部分工作所使用的名称。

楼层平面图：建筑的基本布局，显示内部扩建、翻新或增建内容，包括墙、窗、门的位置和尺寸。

通用条款：合同的具体要求中规定管理项目方式的一般条款部分。内容包括诸如临时工作、保险、外地办事处的提供等规定。

总租金：总租金是指出租人支付的经营和维护房产的所有费用，包括财产税。

保证最大工程费用：一种合同形式的协议，将工作的最高价格限定在商定的范围内。

交接：当一个阶段的责任从一个人转移到另一个人或从一个公司转移到另一个公司时，就出现了交接。

HVAC：是暖通空调，暖气、通风和空调的首字母缩写。

国际设施管理协会：国际设施管理协会是全球最大的、最受认可的设施管理专业人士的国际协会。

创新者：创新者是介绍新方法、新想法或新产品的人。

室内设计师：室内设计师是规划、研究、协调和管理室内设计项目的人。室内设计是一个多层面的专业，包括概念开发、空间规划、现场检查、研究、与项目利益相关者的沟通、施工管理和设计执行。室内设计是塑造室内空间体验的过程，通过对空间体量以及表面的处理，改善使用功能。

实习：实习是针对白领和专业人士的职业培训。

内部创业者：指在企业内部亲自进行创新的人，与通常意义上的创业企业家含义不同。

求职：本书中用来描述在建筑或室内设计公司寻找兼职或全职工作的过程。

执照：就建筑而言，美国的每个州会要求候选人在参加执照考试之前“实习”一段特定的时间。考试合格后，候选人即成为该州的注册建筑师，获得在施工图纸上签字盖章的资质。

后项目生活：加里·昂格尔于1982年创造的说法，意思是“在建筑项目完成后，生活仍要继续”。建筑师应该明白，之后仍有机会与客户继续合作，提供后续服务。

生命周期：本书中指为客户在整个使用设施期间提供便利而设计的服务。这些服务不仅包括最初的规划和设计服务，还包括入住后的服务，如租赁管理、设施管理、日常维护和工作订单，并最终返回到新的规划和设计等服务内容。

生命周期费用：生命周期成本包括在给定的预期寿命内，设施或系统的规划、设计、施工、操作、维护和拆卸所附带的所有费用，全部以现值计算。

LINK5：CPG建筑师事务所编写的用于管理和跟踪内部联系人、潜在项目、中标项目、工作时间记录表、计费和汇报内容的软件程序。

长周期项目：交付时间可能较长，且可能考虑提前采购的项目。如果其采购内容已包含在整个合同或项目的采购之中，则可能因交货太晚而无法及时安装的项目。

长期规划：为客户提供的，协助客户对业务、人员和空间需求进行分析和预测，以确定新设施需求的建筑服务。

最低投标人：提交了经批准的最低出价的投标人，对投标文件、建议书或合同中描述的工作分工负责。

市场营销(公司)：公司的市场营销，有时也称为公司品牌营销，内容包括公司和员工可做的用来推动新业务、提高公司声誉的事情。

市场营销(个人)：个人的市场营销，有时称为个人品牌营销，包括个人可做的用于提升他们的个人品牌，使自己对公司更有价值的事情。

主进度表：一份明确项目的主要组成部分、进行的顺序和持续时间的执行层面摘要。主进度表可以采用网络图、里程碑式进度图或条形图的形式。专业人士会使用SmartSheet和Microsoft Project等软件应用程序。

指导：一个人帮助另一个人发展特定的技能和知识，促进另一个人的职业和个人成长的一种职业关系。

电气工程师： 机械、电气和管道工程师。除了建筑师，电气工程师是大多数项目中的主要顾问团体。

指标： 用来评估规划、过程或产品的效率、性能、进展或质量的度量标准。

里程碑进度表： 体现项目完成过程中重要事件的进度表。并非所有的里程碑事件都具有同样的意义，最重要的事件被称为“主要里程碑”，通常代表一组活动的完成。

入住： 租客租用房产后的阶段。入住可以与符合使用证书的领取同时进行。

授标通知： 通知个人或组织成功获得合同的正式文件。

开放式办公室： 一种楼层平面设计，大多数使用者采取“开放式”，而不是半私人或私人办公室的工作模式。使用者可以在小隔间、工作站或长桌上工作。

业主代表： 业主代表通常是指业主或租户在选址、设计、施工阶段以及搬迁过程中聘请的第三方(个人或公司)。

总平面图： 显示建筑与建筑用地关系的鸟瞰图，通常显示缩进距离(建筑与道路的必需距离)、地役权、通行权和排水系统。

预租赁： 建筑师在室内设计项目工作中的第一阶段，包括选址、规划、租赁和建筑分析、做适应性测试、制作初步预算和进度表。

初步设计： 也称为深化设计，是从方案阶段到深化设计完成的过渡。在这一阶段，辅助空间得到开发，尺寸和比例得到确定。简要规格细化为技术规格，勾画出剖面图，完成标高。

资格预审： 资格预审是指贷款专员计算住房收入比和总债务收入比，以确定大致的最高抵押贷款金额的过程。

主理人： 在财务上和合同上对公司负有责任的人。是一个与合伙人、企业主、创始人等称呼类似的头衔。

策划：在建筑或室内设计项目中，建筑师会见客户，确定他们的项目目标、业务、员工和空间需求的阶段。

项目预算：为覆盖业主的所有项目费用而设定的费用总数或目标金额。它包括施工费用，土地、法律、专业费用，利息和其他项目相关费用等所有其他费用。

项目经理：对某一特定项目的规划和执行全面负责的人。

ProLease：一款符合美国财务会计准则委员会要求的，被超过800家大型企业用于管理租赁和持有房产的租赁管理软件。

剩余工作清单：施工工程接近尾声时所作的清单，指出仍未完成的，质量或数量不符合规定要求的，以及承包商在完成合同条款前有待完成的工程项目。

纽约房地产委员会：一家房地产行业的行业协会，致力于推动业界政策。

回头客：顾客重复购买某家公司的商品或服务。

简历：简历是一个人用来展示自身背景和技能，以争取一份工作的文件。

信息申请：信息申请是一种标准业务流程，目的是收集有关不同供应商能力的书面信息。

提案申请：提案申请是一份征求提案的文件，通常发生在招标过程中，是由对购买商品、服务或有价资产感兴趣的机构或公司向潜在的供应商发出的商业提案。

方案设计：设计人员提供的基本服务的第一阶段。在方案设计阶段，设计师会确定项目要求，编制包括图纸和其他说明项目规模和关系的文件在内的方案设计研究。

范围变更：在设计或施工期间扩大或减少项目要求的变更。

施工图：通常由承包商根据合同文件制作且提供充足细节的图纸，向设计师表明承包商打算以符合设计意图和合同文件的方式开展工作。

SketchUp：是一款很容易下载的三维建模软件。

拿下卡: 拿下卡技术是一种头脑风暴工具，允许团队成员分享个人对某个项目的想法。这些卡片通常按类别或主题钉在墙上。

规格: 对材料、设备、系统、所需工艺和其他与工作有关的定性信息的详细书面描述。

电子表格: 包含数据按网格的行和列排列，可以在计算中操作和使用的一种电子文档。微软公司的Excel就属于电子表格程序。

建筑面积（平方米）: 某一房产以平方米计算的面积数。建筑面积可以用不同的方法测量得出，通常是一个粗略数据。可用面积描述的则是两面墙之间的实际面积，可用面积不包括建筑的大堂、卫生间、楼梯井、储藏室(除非只有一个租户使用)、建筑的机械空间和共享走廊等公共区域。可出租面积是可用面积加上按比例计算的房客的公共区域面积。

占屋者: 是CRS建筑师事务所创造的一个表达，指的是一个建筑团队短期使用客户设施内的一个房间，与客户一起进行某个项目的概念设计规划。

堆叠图: 堆叠平面图是指公司各部门在建筑物各楼层的垂直分布和关系，参见分块图。

故事板: 故事板是以多幅图纸的形式对建筑项目的构思进行的展示。它由若干方格和插画或图片组成，代表单个设计图或那个设计图所需的细节。故事板还可能包含与值得记住的重要事实有关的注释。

战略合作伙伴: 战略合作伙伴是为企业提供卓越服务的个人或公司，可以在没有竞标的情况下赢得项目。

战略思考者: 战略思维超越事物的表象，涉及对可能发生的事情的想象。它是一个人对某个市场持有的一种新观点，一种对未来的独特看法，或一种为老问题想出新答案的能力。它是一个对“这之后的之后会发生什么”最感兴趣的人。

分包商: 与主承包商签订执行工作合同的承包商。

补充通用条款: 对通用条款的增加和/或修改，属于投标文件和/或合同文件的一部分。

适应性测试：开发商、经纪人和室内空间的潜在租户可以在抉择之前进行适应性测试查看潜在空间选项的可行性。适应性测试通常由建筑师或室内设计师进行。

全方位思考：针对建筑师可以为一个项目提供的生命周期服务所做的思考。全方位思考是一个整体的思考过程，由思考的主体观察过往的模式以便更好地理解现状，这些活动有助于在未来做出更好的决定。

价值工程：选择一种不同的材料或产品，或者发现一种更好的方法来降低做某事成本的过程。

供应商：向公司或个人提供商品或服务的人。

虚拟现实：使用虚拟现实设备，人们能够查看虚拟世界，通过高质量的虚拟现实设备则可以游览其中，与头戴式视图器中描述的功能或项目进行互动。虚拟现实通过头戴虚拟现实视图器进行展示。头戴式虚拟现实视图器是一种戴在头上的眼镜，在佩戴者眼前的屏幕上呈现图像。虚拟现实的项目可能包括通过扬声器或耳机的音频。

工作场所：工作场所指某人为了谋生而工作的物理位置。这个位置可以是家庭办公室，也可以是办公大楼或工厂。

工作场所解决方案：工作场所解决方案专家帮助人们实现提高生产力的目标。

工作场所策略：工作场所策略是对组织的工作模式的研究，目的是降低或重新分配成本，以便能够更有效地进行管理。常见的目标是提高员工生产力和降低房地产成本。

工作站：进行特定性质工作的区域，如办公室或家中的特定位置。

作者信息

加里·昂格尔最初在圣路易斯的华盛顿大学学习建筑，最终在奥斯丁的德克萨斯大学毕业。毕业后，他向东前往纽约市。先后在CRS建筑师事务所和美国运通公司任职，加里于1980年创办了自己的建筑公司CPG建筑师事务所。1990年，他创办了一家名为Link Systems的房地产软件公司。该公司的第一个软件产品是设施管理——在建筑项目完成后为客户提供服务。CPG建筑师事务所和Link Systems公司都位于康涅狄格州的斯坦福德。CPG建筑师事务所已经为通用电气、斯纳普、雀巢、纽曼私传、达能酸奶和布里奇沃特投资公司等客户完成了数千个项目。26年后，Link Systems公司为企业提供了5个大类的企业应用：租赁管理、设备管理、设施管理、维修/工作单和投资组合管理，服务近1000个客户。近期，加里被美国房地产协会(March of Dimes)评为年度风云人物。如果想对加里的公司进行更多了解，请访问网站http://www.cpgarch.com和http://www.linksystems.com，或登录他的个人网站http://www.GaryUnger42.com。

加里是一个非常幸运的人，他在一个被许多人描述为“很难赚钱”的职业中取得了成功。他的职业生涯激动人心，成果丰厚。任何人都很难通过“规划”获得他那样的经历。他的职业生涯包括4种截然不同的经验——每一种经验都建立在之前的经验之上：

1.首先，有出色的暑期工作，而不是等到后来才意识到它们的重要性。
2.其次，在CRS建筑师事务所和美国运通公司工作，它们是两家非常不同的公司。
3.第三，“从零开始”的建筑创业经历——1980年，CPG建筑师事务所。
4.第四，“从零开始”开展房地产软件业务——1990年，Link Systems公司。

加里的妻子说，只要不是让他在家吃午餐，任何事他都可以做成。